OBSERVATIONS

RELATIVES AUX

Variations de la Matière Grasse

dans le Lait de la Femme

ET DE DIVERSES ESPÈCES ANIMALES

PAR

HUBERT-RAOUL CAILLOUX

Docteur en Pharmacie

LA ROCHELLE

IMPRIMERIE NOUVELLE NOEL TEXIER

Rue des Sainte-Claire, 29

1912

OBSERVATIONS

RELATIVES AUX

VARIATIONS DE LA MATIÈRE GRASSE

DANS LE LAIT DE LA FEMME

ET DE DIVERSES ESPÈCES ANIMALES

OBSERVATIONS

Variations de la Matière Grasse

dans le Lait de la Femme

ET DE DIVERSES ESPÈCES ANIMALES

PAR

Hubert-Raoul CAILLOUX

Docteur en Pharmacie

LA ROCHELLE

IMPRIMERIE NOUVELLE NOEL TEXIER

Rue des Sainte-Claire, 29

1912

A Monsieur le Docteur BLAREZ

Professeur à la Faculté de Médecine et de Pharmacie de Bordeaux,

Chevalier de la Légion d'Honneur,

Officier de l'Instruction publique,

Chevalier du Mérite agricole,

A Monsieur le Docteur BARTHE

*Professeur agrégé à la Faculté de Médecine et de Pharmacie
de Bordeaux,*

Chevalier de la Légion d'Honneur,

Officier de l'Instruction publique,

HOMMAGE RECONNAISSANT.

VARIATIONS DE LA MATIÈRE GRASSE

DANS LE LAIT DE LA FEMME

ET DE DIVERSES ESPÈCES ANIMALES

INTRODUCTION

En 1903, mon confrère et ami Eury, ayant été désigné comme expert par le tribunal civil de La Rochelle, au cours d'une affaire entre une laiterie coopérative et un sociétaire accusé de fournir un lait écrémé, entreprit une série d'expériences sur trois vaches nourries à l'étable.

En comparant séparément le lait fourni par chacune d'elles, à vingt-quatre heures d'intervalle (traite du soir), il s'aperçut que la matière grasse du lait est sujette à des variations quotidiennes qui atteignent parfois un taux assez élevé.

Des recherches de même nature, faites par Touchard et Bonnelat (1) en 1905, donnèrent des résultats identiques. Il m'apparut qu'il serait intéressant d'avoir un nombre d'analyses suffisant pour se faire une opinion sur cette question particulièrement troublante en matière d'expertise.

M. le Vice-président de la Commission administrative de l'hospice Saint-Louis, à La Rochelle, ayant bien voulu m'y autoriser, je procédai pendant cinq jours à l'analyse quotidienne du lait fourni à chaque traite par quatre vaches de cet établissement.

Ainsi que les chimistes cités plus haut, je fus frappé des écarts rencontrés dans la teneur en matière grasse, à 24 heures d'intervalle, et pour des traites correspondantes.

Les obligations professionnelles m'empêchèrent pendant quelque temps de continuer ces recherches, que je ne pus reprendre qu'en 1910. A cette époque, je poursuivis mes premières expé-

____

(1) *Journ. Industrie laitière*, 1905, n° 2, p. 17.

riences et je fus amené, par analogie, à examiner le lait de femme ainsi que celui de chèvre et de chienne.

En même temps, j'étudiais les variations de composition du lait aux différents moments de la traite. Bien que ces variations fussent déjà connues, je pense que mes recherches n'auront pas été inutiles car j'ai tenu à opérer de façon rationnelle, en fractionnant très exactement le lait de chaque traite et en analysant séparément chacun des échantillons.

•Ce travail m'a permis de tirer des conclusions qui ont peut-être un certain intérêt, surtout en ce qui concerne la façon de procéder au prélèvement d'un lait de nourrice. J'étudiai également quelques causes encore peu connues des modifications profondes de la teneur du lait en matière grasse.

M. le professeur Blarez a bien voulu me faire l'honneur d'accepter la présidence de ma thèse et m'a donné, au cours de mon travail, de précieux conseils. Je suis heureux de pouvoir lui offrir l'hommage de ma reconnaissance.

Je prie M. Barthe qui s'est montré si bienveillant à mon égard, a daigné s'intéresser à mes recherches et m'a souvent donné des encouragements, de vouloir bien agréer l'expression de ma vive gratitude.

Que mon ami Eury reçoive mes sincères remerciements. Il m'a le premier donné l'idée des expériences que j'ai entreprises et j'ai puisé d'intéressants documents dans sa bibliothèque qu'il a très obligeamment mise à ma disposition.

Je dois également remercier Mme la Supérieure de l'Hospice Saint-Louis, ainsi que les membres de la Commission administrative, de l'obligeance avec laquelle ils m'ont donné le moyen de mener à bien mes travaux, en mettant à ma disposition l'étable de cet établissement.

PREMIÈRE PARTIE

CHAPITRE PREMIER

Utilité pour le Chimiste de connaître l'étendue des variations de composition du lait.

« Il n'y a pas un lait, il y a des laits » a dit Duclaux (1).

En effet, non seulement le lait varie suivant l'espèce animale qui l'a fourni, mais encore, dans chaque espèce et pour chaque individu, de nombreuses causes interviennent qui en modifient la composition.

Parmi ces causes, il en est qui sont connues et ont été fréquemment étudiées ; il en est d'autres plus ignorées, il en est même dont on constate les effets sans pouvoir en déterminer la nature.

La tâche du chimiste chargé d'une analyse de lait est donc particulièrement délicate, soit qu'il s'agisse pour lui de déterminer la valeur nutritive d'un lait de nourrice, soit qu'il s'agisse de rechercher si un lait de vache a été fraudé.

Pour le lait de femme, il est nécessaire que la prise de l'échantillon soit faite de telle sorte qu'elle représente bien la composition moyenne du lait soumis à l'expertise.

---

(1) Duclaux, *Le lait*, Paris, 1887.

Ch. Michel (1) conseille de prélever 20 centimètres cubes au commencement de la tétée du matin, 20 centimètres au milieu de la tétée du midi et 20 centimètres cubes à la fin de la tétée du soir et de mélanger les trois prises.

Mes expériences ont démontré qu'en suivant ce mode opératoire, on est loin d'être certain d'obtenir la composition moyenne du lait. La seule façon d'opérer avec certitude, est de vider complètement les deux seins et d'opérer sur la totalité du prélèvement. Nous verrons, en effet, que non seulement la composition du lait des deux seins n'est pas identique, mais encore que le volume fourni par chaque sein est variable et que, par suite des différences élevées du chiffre de la matière grasse au début et à la fin de la tétée, le prélèvement de 20 centimètres cubes, à différents moments de cette dernière, ne peut donner qu'une approximation très incertaine.

Dans la détermination de la fraude, l'expert ne doit pas perdre de vue qu'il peut se trouver en présence d'un cas particulier et que, pour une cause quelconque, la matière grasse du lait soumis à son examen a pu diminuer de façon anormale et faire croire à la fraude par écrémage.

Ainsi, Touchard et Bonnétat (2) citent l'exemple suivant :

L'analyse d'un lait douteux et celle de l'échantillon prélevé le lendemain, devant témoins, donnèrent les résultats suivants :

	Lait douteux	Lait pur
Matière grasse	31.7	46.8
Extrait sec	121.4	138.4
Extrait sec dégraissé . .	89.7	91.6
Cendres	7.6	7.5

---

(1) *Obstétrique*, mars 1896.

(2) Touchard et Bonnétat, *Etude sur les variations de composition du lait*, Luçon, 1905.

Etant donnée la grande différence entre les chiffres indiquant les proportions de matière grasse dans les deux laits comparés, il fut conclu à la fraude par écrémage.

Le propriétaire de la vache (car il n'y avait qu'une seule vache) ayant adressé maintes réclamations, d'autres échantillons furent prélevés devant témoins. Ils donnèrent à l'analyse :

Matière grasse.	28.9	30.95	38.10
Extrait sec	121.5	121.4	131.8
Extrait sec dégraissé	91.6	90.45	93.7
Cendres	6.7	6.8	6.75

Le taux de la matière grasse s'était donc abaissé de nouveau et se trouvait sensiblement égal à ce qu'il était dans le lait douteux. On fut donc dans l'obligation de modifier les premières conclusions et d'admettre que la vache donnait un lait dont la teneur en matière grasse était très variable.

La loi sur la répression des fraudes (1er août 1905) frappe les fraudeurs avec une juste sévérité.

Le Conseil d'hygiène de Paris a fixé la composition moyenne et minima des laits de vache comme suit :

COMPOSITION MOYENNE

Densité à 15°	1.033
Extrait sec.	130
Extrait sec dégraissé	90
Beurre	40
Lactose	50
Caséine	34
Cendres.	6

COMPOSITION MINIMA

Extrait sec.	115
Beurre	27 à 30
Lactose	45.8

Cette moyenne ne peut pas s'appliquer à tous les laits. Cependant des tables de mouillage (1) et d'écrémage ont été dressées sur ces bases.

Denigès (2) dit : « Le Conseil d'Hygiène admet comme minimum 28 à 3o grammes de beurre, par litre, on devra conclure à l'écrémage quand l'analyse aura fourni des chiffres inférieurs à cette limite extrême ».

On ne doit pas oublier que la matière grasse de certains laits naturels peut descendre au-dessous de ce minimum.

Desbarrières (3) donne les analyses de différents laits présentant toutes garanties d'authenticité et qui ont une teneur en matière grasse de beaucoup inférieure au minimum admis par les chimistes.

	Normande	Normande	Normande	Normande-Bretonne	Charolaise
Extrait sec . . .	101.3	117.9	111.3	104.9	112.6
Matière grasse . .	20.1	22.1	22.7	12.1	16.2
Extrait sec dégraissé .	84.2	95.8	88.6	92.8	96.4

A. Farines (4) dit : « Les directeurs de laboratoires administratifs du service de la répression des fraudes, d'après les instructions qu'ils ont reçues, doivent apporter une grande sévérité dans leurs jugements, puisque, d'une part, tout échantillon fraudé qu'ils laisseraient passer, ne pourrait être incriminé et que, d'autre part, nulle condamnation ne saurait résulter injustement de leur appréciation, la réalité du délit ne pouvant être établie que par l'expertise contradictoire ultérieure, laquelle est faite dans des conditions qui donnent toute garantie aux intéressés ».

---

(1) GIRARD, *Analyse des matières alimentaires*, Paris, Vve Dunod, pages 378 et 390.

(2) C. DENIGÈS, *Chimie analytique*, Paris, A. Maloine.

(3) E. DESBARRIÈRES, *Etude sur les laits de Touraine*, J. Lechevallier, 1909.

(4) *Jour. Industrie laitière*, 1911, n° 2, page 22.

Il est fort équitable de frapper sévèrement les fraudeurs, mais en matière de fraude par écrémage, les experts chargés de l'analyse contradictoire ne sauraient se montrer trop prudents et ils ne devront pas hésiter à faire des essais en série du lait incriminé, surtout lorsqu'ils seront en présence du lait d'une seule vache, afin de s'assurer s'il y a bien réellement fraude.

La fraude par mouillage est beaucoup plus aisée à caractériser. Il est en effet démontré que, de tous les éléments du lait, le beurre est celui qui est le plus sujet à variations. L'ensemble des autres éléments désigné sous le nom d'extrait dégraissé est beaucoup plus constant.

D'après Farines (1) le chiffre de 90 grammes, admis par beaucoup d'auteurs comme minimum des solides non gras par litre, doit être considéré tout au plus comme une moyenne.

En effet sur un grand nombre d'analyses, il a trouvé que la teneur du lait, par litre, en extrait dégraissé, était :

Au dessus de 90, dans 49 °/₀ des cas ;
Entre 85 et 90, dans 31 °/₀ des cas ;
Entre 80 et 85, dans 19 °/₀ des cas ;
Au dessous de 80, dans 1 °/₀ des cas.

Desbarrières (2) indique les chiffres suivants qu'il a déterminés d'après la totalité des analyses faites pendant une année entière (régime d'hiver et régime d'été) dans l'arrondissement de Loches.

LAITS INDIVIDUELS

	Extrait sec	Matière grasse	Lactose	Cendres	Caséine	Extrait sec dégraissé
Moyenne .	138.3	45.4	48.9	7.3	36.5	92.6
Maximum .	171.6	74.6	54.2	9.6	53.8	108.6
Minimum .	109.6	28	42 5	6.2	27.5	80.6

(1) *Journ. Industrie laitière*, 1911, n° 2, page 22.
(2) Desbarrières, *Elude sur les laits de Touraine*, *loco cit.*, page 64.

LAITS MÉLANGÉS

	Extrait sec	Matière grasse	Lactose	Cendres	Caséine	Extrait dégraissé.
Moyenne .	132	41.4	49.3	7.3	33.7	90.5
Maximum .	149.1	63.5	53.8	7.9	39.5	96.8
Minimum .	121.9	33.7	45.1	6	29.5	85.6

La moyenne de l'extrait sec dégraissé pour les laits individuels est bien de 92.6, mais le minimum est descendu à 80.6.

L'écart entre le minimum et la moyenne est de 12 % environ, il serait donc possible, en se basant sur l'extrait sec dégraissé, de déterminer le mouillage à 10 % près.

La résistance des liquides au passage des courants électriques, ou résistivité, a permis à Lesage et Dongier (1) de créer une méthode nouvelle de recherche du mouillage, en faisant usage du procédé de mesure connu sous le nom de Pont de Wheastone.

D'après ces auteurs, la résistance électrique des laits purs est comprise entre 235 et 265 ohms (moyenne 250 ohms). Une addition de 10 pour 100 d'eau augmente la résistivité de 15 à 20 ohms. L'addition de 33 % d'eau l'augmente de 65 à 70 ohms.

Pétersen (2) a repris la même question et il a constaté que la résistivité du lait varie de 204 à 255 ohms, chiffres un peu différents des précédents.

J.-M. et P. Perrin (3) ont construit un appareil de mesure, le galacthydromètre, basé sur la résistivité du lait et qui porte une graduation expérimentale supprimant les longs calculs et l'emploi de tables.

Les mesures sont faites en se servant non pas des déviations que le courant électrique imprime à un galvanomè-

---

(1) C. R., t. CXXXIV, 1902, page 612.

(2) *Revue gén. du lait*, 1904-1905, page 17.

(3) J.-M. PERRIN et P. PERRIN, *Guide pratique pour l'analyse du lait*, Baillière, 1909, page 150.

tre, mais des différences d'intensité du son rendu par le récepteur d'un téléphone qui transmet le bruit produit par le trembleur d'une bobine.

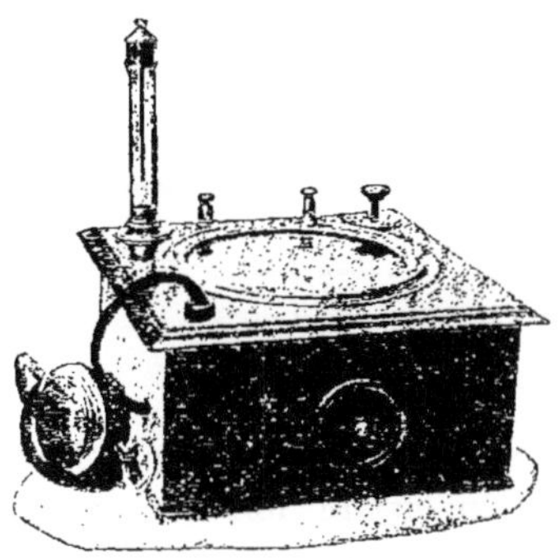

FIG. 1. — GALACTHYDROMÈTRE J. ET P. PERRIN
(Modèle de laboratoire)

Cette méthode me paraît être une méthode de choix, parce qu'elle permet aux agents les plus inexpérimentés en matière d'analyse, de déceler rapidement, en quelques secondes, la fraude par mouillage.

J'ai examiné au galacthydromètre tous les laits de vache que j'ai eu l'occasion d'analyser au cours de mes expériences, et je n'ai jamais trouvé cet instrument en défaut, même lorsque je me suis trouvé en présence de laits anormaux ne renfermant que 8 grammes de matière grasse par litre.

CHAPITRE II

Des causes modifiant la composition du lait.

Les causes qui modifient la composition du lait sont très nombreuses. Un grand nombre de travaux parfois contradictoires ont peu à peu apporté la lumière sur cette importante question.

Tous les auteurs s'accordent à reconnaître que les variations portent principalement sur la matière grasse, les autres éléments restant en rapports sensiblement constants.

Sous l'influence de la race, de l'âge, de la gestation, des parts, du rut, de l'époque de la lactation, de l'alimentation, du travail, du climat, de la saison, de l'heure de la traite, de la façon dont elle est effectuée, de l'état physiologique et pathologique, etc., le lait subit des modifications plus ou moins profondes.

INFLUENCE DE LA RACE

De nombreuses expériences ont depuis longtemps prouvé que dans chaque espèce les différentes races d'animaux ne fournissent pas, toutes conditions égales, la même quantité ni la même qualité de lait.

Les producteurs savent que certaines races de vaches sont plus *beurrières* que d'autres. Les vaches jersiaires et normandes donnent des laits plus gras que les vaches de race suisse, danoise, maraîchine, bretonne, charollaise, morvandelle, hollandaise, etc. Le volume varie du reste fréquemment en sens inverse ; les vaches normandes, bretonnes et flamandes donnent 10 à 20 litres, les hollandaises généralement plus de 20 (1).

Ces réputations, basées sur des observations de la pratique courante, n'ont malheureusement pas toutes été contrôlées par l'analyse.

L'un des premiers, Marchand (2) a analysé le lait de deux vaches, l'une de race normande, l'autre durham qu'il a placées dans des conditions d'alimentation identiques, et il a reconnu que la première donnait en moyenne trois grammes de beurre par litre de plus que l'autre.

Dans un rapport déposé au tribunal de la Seine en 1891 par Girard, L'Hote et Magnier de la Source (3), sont consignés les résultats de l'analyse du lait de vaches de trois races différentes, nourries de la même façon (drèche, foin et tourteau).

	Hollandaise	Suisse	Normande
Matière grasse.	36.50	34.50	40.00
Lait produit en 24 heures . .	22 à 24 l.	15 à 16 l.	12 à 14 l.

Ces auteurs ajoutent : « certaines races de vaches et plus particulièrement la race hollandaise, sous l'influence d'un régime approprié, peuvent donner un rendement presque double du rendement normal en lait, nécessairement plus pauvre en extrait et en beurre que le lait des vaches soumises au régime ordinaire, en d'autres termes on peut créer une polylactie de toutes pièces ».

Gautrelet (4) compare un plus grand nombre de races et les résultats qu'il obtient sont intéressants.

---

(1) Villiers et Collin, *Altération et falsification des substances alimentaires*, Paris, Octave Doin, page 567.

(2) C. R., t. XLVIII, 1859, page 413.

(3) Villiers et Collin, *loco cit.*, page 568.

(4) Gautrelet, *Rech. sur laits aliment.*, Vichy, 1892.

	Normande	Jersiaise	Charolaise	Morvandelle	Suisse	Bretonne
Matière grasse. .	51.10	61.00	37.20	36.10	46.60	37.10
Extrait	151.30	152.00	139.50	119.20	135.80	125.60
Extrait dégraissé.	100.20	91.00	102.30	83.10	8J.20	88.50

Ces analyses confirment les qualités beurrières des vaches normandes et l'infériorité des hollandaises, charolaises et bretonnes.

J. Roux, qui a analysé le lait de vaches gâtinaises pures, Durham pures et croisées gâtinaises Durham, a remarqué que le lait des Durham est moins riche en beurre que celui des gâtinaises et qu'il s'appauvrit en beurre et s'enrichit en caséine à mesure que le sang Durham se substitue au sang gâtinais (1).

Desbarrières (2), dont les analyses ont porté sur les laits de l'arrondissement de Loches, a groupé dans un tableau les moyennes de la traite du soir complète de huit vaches hollandaises, de trois vaches suisses et de cinq normandes nourries avec des drèches de distillerie, foin, herbe, tourteaux de lin et de coco détrempés.

	Hollandaises	Suisses	Normandes
Lait par jour.	22 à 24 l.	15 à 16 l.	12 à 14 l.
Beurre.	36.5	34.5	40.0
Extrait sec dégraissé . . .	83.4	92.5	84.2

Voici d'après Filhol et Joly (3) les quantités de matière grasse que donnent, par litre de lait, des brebis de races différentes :

	Dishley		Southdown	Mérinos	Lauraguais	Tarascon
	I	II				
	50 gr.	37 gr.	40 gr.	76 gr.	10í gr.	104 gr.

---

(1) J. Roux, *Constitution des laits de l'arrondissement de Rochefort*, Thèse, Bordeaux, 1890.

(2) Desbarrières, *Etude sur les laits de Touraine*, *loco cit.*, page 96.

(3) C. R., t. XLVII, 1858, page 1013.

La matière grasse varie de 37 gr. par litre pour la race Dishley à 104 gr. pour les races du Lauraguais et de Tarascon. Les autres éléments subissent des variations peu importantes.

Michel et Perret (1) donnent la composition suivante du lait de chèvres de diverses races, d'après différents auteurs.

	Chèvre de Murcie (2)	Chèvre Suisse (2)	D'après Ellenberger (3)	D'après Hucho (4)	D'après Abderbalden (5)	D'après Sténegger (6)
Beurre . . .	36.50	26.00	66.90	36.14	30.17	33.47
Lactose. . .	55.66	52.78	45.83	47.48	40.37	28.84
Caséine. . .	29.09	28.72	34.50	31.02	32.34	40.37
Cendres . .	7.50	8.00	9.21	8.75	»	6.48
Extrait sec.	128.75	115.50	156.44	126.39	»	109.16

Ces analyses sont évidemment insuffisantes et, pour donner des résultats concluants, devraient porter sur un grand nombre d'animaux de la même race placés dans des conditions identiques. On diminuerait ainsi les causes d'erreur dues aux variations individuelles, car, ainsi que le dit M. Gouin (7), « l'influence individuelle domine l'influence ethnique au point de vue pratique. »

Influence de la sélection

Dans un rapport présenté au premier Congrès d'industrie laitière, P. Dechambre (8) énumère les avantages

---

(1) Michel et Perret, *La ration alimentaire de l'enfant*, Paris, O. Doin, page 52.

(2) *Analyses citées par* L. Bunte, Société de médecine de Paris, 14 juin 1882.

(3) Ellenberger, *Archiv. f. Physiol.*, 1899, page 48.

(4) Hucho, *Jahresb. d. Tierchemie*, XXVII, page 258.

(5) Abderhalden, *Zeitsch. f. physiol. chemie*, XXVII, 1899, page 440.

(6) Steinegger, *Milchzeitung*, XXVII, 1898, page 356.

(7) Gouin, *Influence de la race et de l'individu sur le rendement du lait en matière grasse.*

(8) *Premier Congrès d'industrie laitière organisé par la Société Française d'encouragement à l'Industrie laitière*, Paris, 3, rue Baillif, page 8.

obtenus par la sélection non seulement des vaches, mais encore des taureaux. Il attribue la valeur beurrière des Jersiaires au « Jersey Herd Book » fondé en 1886 et nous apprend que, dans les concours beurriers, une quarantaine d'animaux arrivent à donner en vingt-quatre heures un rendement en beurre supérieur à deux livres anglaises (une livre vaut 480 grammes) soit près de un kilogramme.

Voici, pour démontrer l'influence du taureau, un extrait du tableau qu'il a dressé.

Numéro des taureaux	Vaches provenant de chaque taureau	Rendement moyen annuel des vaches		
		Lait	Matière grasse %	Beurre
1	65	3.250 l.	3.28	128 k.
2	22	2.916 l.	3.16	109.500
3	42	2.544 l.	3.06	90.500
4	24	2.332 l.	3.25	91.000

INFLUENCES INDIVIDUELLES

C'est une croyance générale que les femmes brunes à constitution robuste ont un lait plus abondant et de meilleure qualité que celui des blondes.

Donné, Devergie et Guiraud (1) ont rencontré, parmi les blondes et parmi les brunes, des nourrices dont le lait était sécrété en quantité considérable et qui offrait à l'analyse toutes les qualités désirables.

Le volume des seins n'est pas toujours en rapport avec le développement de la glande mammaire et certaines femmes ont des seins énormes qui ne fournissent que des quantités très minimes de lait (Guiraud) (2).

Les éleveurs reconnaissent à certains signes extérieurs de la vache la qualité du lait qu'elle fournit.

---

(1) GUIRAUD, Thèse, Bordeaux, 1897.
(2) GUIRAUD, *loco cit.*

Cornevin (1) et Pagès (2) indiquent comme caractéristique de l'aptitude beurrière des vaches une sécrétion sébacée riche en graisse.

La couleur indienne de la robe semble également avoir une heureuse influence sur la valeur beurrière.

Malpeaux et Dorez (3) ont fait de nombreuses recherches sur les variations individuelles et ont constaté qu'elles se présentent dans chaque race avec d'assez grands écarts.

INFLUENCE DE L'AGE

Chez la femme, la composition du lait est à peine modifiée par l'âge de la nourrice entre 20 et 25 ans. Avant la vingtième année, le lait contient plus de sels, de caséine et de beurre ; après 35 ans, il s'appauvrit un peu en matières minérales ; les autres éléments restent normaux (Armand Gautier) (4).

Vernois, Becquerel considéraient que le meilleur lait était donné par les nourrices âgées de 20 à 30 ans.

A. Leeds, au contraire, admet que le lait le plus nourrissant serait sécrété de 15 à 20 ans, puis de 20 à 25 ans, puis de 25 à 30.

D'après Guiraud (5) la proportion des éléments du lait n'est guère influencée par l'âge de la nourrice, seule celle du beurre augmente de 25 à 35 ans.

D'après Cornevin (6) et Waldmann (7) la production du lait ne reste pas invariable pendant toute la durée de la vie d'une vache. Elle augmente avec l'âge jusqu'au sixième

---

(1) CORNEVIN, *Production du lait*, page 96.

(2) PAGÈS, *Hygiène des animaux domestiques dans la production du lait*, Paris, Masson et Cie, page 142.

(3) *Annales agronomiques*, XXVII, page 452.

(4) A. GAUTIER, *Leçons de chimie biologique*, Paris, Masson et Cie, p. 702.

(5) GUIRAUD, *loco cit.*

(6) CORNEVIN, *Prod. du lait*, page 55.

(7) Soc. Nat. d'Agric., 1890, page 445.

vêlage environ, c'est-à-dire jusqu'à 8 ou 9 ans et décline à partir de ce moment.

Ce fait est confirmé par les études entreprises par Fleischmann.

La quantité d'extrait et de matière grasse diminue avec l'âge de la vache et le nombre de veaux qu'elle a eus (1).

D'après Pagès (2), c'est à tort que Vernois et Becquerel ont déclaré que l'âge des vaches n'avait pas d'influence sur le beurre ; plus heureux que les savants, les praticiens ont toujours admis l'infériorité des vaches vieilles à ce point de vue.

Influence de la gestation

Le lait de femme ne paraît pas se modifier au début d'une nouvelle grossesse (A. Gautier) (3); sa caséine ne varie pas sensiblement et la quantité de ses principes nutritifs augmente même vers la fin de la gestation. Mais, d'après l'opinion courante, l'état de la grossesse n'en a pas moins une influence fâcheuse sur la valeur du lait, et peut même tarir sa sécrétion.

D'après Cornevin (4), pendant la gestation, la richesse en beurre du lait de vache diminue tandis que le taux de la caséine augmente.

Desbarrières (5), de l'examen des résultats de 156 analyses, conclut que la matière grasse croît pendant la gestation en même temps que la caséine et l'extrait sec, pendant que la proportion de lactose diminue.

Ces résultats sont en contradiction avec l'opinion de Petel et Labiche (6), à savoir que le lait des vaches

---

(1) Henry, *Jour. Ind. laitière*, 1898, page 191.

(2) Pagès, *loco cit.*, page 144.

(3) A. Gautier, *loco cit.*, page 703.

(4) Cornevin, *loco cit.*, page 37.

(5) Desbarrières, *loco cit.*, page 90.

(6) Chevalier et Baudrimont, *Dictionnaire des altérations et falsifications*, page 891.

pleines, à fin de lait, est plus riche en matières fixes, en beurre et en lactose.

Vers la fin de la gestation il se produit assez fréquemment une augmentation anormale de la matière grasse. Desbarrières(1) a constaté chez 5 vaches pleines de 8 mois la présence d'un taux très élevé de beurre :

58 gr. 30 — 61 gr. 9 — 59 gr. 8 — 63 gr. 1 — 74 gr. 7.

INFLUENCE DE LA MENSTRUATION

D'après A. Gautier (2) la menstruation, lorsqu'elle se rétablit, chez les nourrices qui allaitent, altère sensiblement leur lait durant les époques cataméniales. Ces laits seraient même légèrement purgatifs.

INFLUENCE DE L'ÉPOQUE DE LA LACTATION

C'est sept à huit jours après l'accouchement que l'on voit ordinairement disparaître presque complètement de la sécrétion mammaire les éléments histologiques caractérisques du colostrum. (Michel et Perret) (3).

A partir du quinzième jour, les éléments du lait subissent de faibles variations.

Camerer et Söldner (4) ont analysé des laits de femme variant de 8 à 170 jours et plus. Ils ont trouvé que la richesse du lait en azote et en sels minéraux est d'autant plus grande qu'il est moins âgé. Depuis la délivrance jusqu'à la fin du premier mois, la quantité de lactose croît environ de 60 à 70 grammes pour se maintenir à ce taux. Les variations du beurre ne semblent pas subir l'influence de l'âge.

---

(1) Desbarrières, *loco cit.*, page 66.

(2) A. Gautier, *loco cit.*, page 703.

(3) Michel et Perret, *La ration alimentaire de l'enfant, loco cit.*, page 17.

(4) *Zeitschrift für Biologie*, XVIII, 1898, page 280.

Desbarrières (1) a groupé les moyennes de 278 analyses suivant l'âge du lait de vache et a noté les résultats obtenus :

L'extrait sec après avoir augmenté légèrement du premier au deuxième mois, diminue pendant le troisième pour croître ensuite d'une façon continue.

La matière grasse, après avoir baissé pendant le deuxième mois, croît jusqu'au onzième, pendant lequel elle passe par son maximum, pour décroître ensuite les mois suivants.

La caséine subit une variation dans le même sens jusqu'au onzième mois, à partir duquel le taux reste constant.

Quant à la lactose, elle ne varie pas sensiblement jusqu'aux neuvième et dixième mois, pendant lesquels elle baisse légèrement pour croître pendant le onzième et décroître ensuite les mois suivants.

Adam a établi que l'extrait sec diminue pendant les deuxième et troisième mois qui suivent la parturition pour se relever ensuite.

J. Roux (2) confirme les résultats trouvés par Adam. L'ensemble des matières sèches diminue entre le premier et le troisième mois, puis l'extrait remonte d'une façon à peu près continue avec le beurre et la caséine ; la lactose, au contraire, ne varie pas sensiblement.

INFLUENCE DES PARITÉS

Les expériences de Guiraud (3) lui ont démontré que le nombre des grossesses a peu d'influence sur la composition du lait de femme. D'après Variot (4) les femmes ont très souvent plus de lait à leur deuxième enfant qu'à leur premier.

---

(1) DESBARRIÈRES, *loco cit.*, page 91.
(2) J. ROUX, thèse, Bordeaux, page 77.
(3) GUIRAUD, *loco cit.*
(4) Dr G. VARIOT, *Traité d'hygiène infantile*, Paris, O. Doin, page 138.

Influence du rut

D'après Cornevin (1), le lait fourni par une femelle en chaleur diminue. Desbarrières (2), qui a pu analyser le lait de quatre vaches en chaleur, dit que le lait qu'elles ont fourni n'a subi que de faibles variations portant sur le volume sécrété et la teneur en matière grasse : diminution du volume et augmentation de la teneur en matière grasse.

Dans les expériences de Malpeaux et Dorez (3), les vaches en chaleur ont montré à peine une diminution de leur lait au moment du rut ; la proportion des matières grasses n'a varié que dans des limites assez faibles.

Rolet (4) a trouvé que, pendant le rut, l'acidité du lait est plus élevée, ce qui expliquerait son altérabilité. Fascetti (5) considère que la quantité de lait sécrétée diminue légèrement au moment où la vache manifeste sa chaleur, que la matière grasse et les albuminoïdes tendent à augmenter, et que la teneur en lactose reste constante.

Influence de la castration

D'après Cornevin (6), la castration influe sur la teneur en lactose et la diminue d'ordinaire dans les premiers mois qui suivent l'opération.

Martin (7) a étudié de près cette question. Si la vache est saine, le lait n'est pas sensiblement modifié dans sa composition par la castration. Celle-ci ne change pas la quantité de lait sécrétée, mais rend la production plus

---

(1) Ch Cornevin, *Production du lait*, page 36.
(2) Desbarrières, *loco cit.*, page 95.
(3) *Annales agronomiques*, XXVII, page 459.
(4) *Rev. gén. du lait*.
(5) *Rev. gén. du lait* (1904-1905), page 385.
(6) Cornevin, *Production du lait*, page 37.
(7) *Journal Industrie laitière*, 1890, pages 258, 268.

régulière et donne au lait une saveur plus agréable. La proportion de lactose ne semble pas se modifier.

Lermat (1) à la suite de nombreuses analyses, a pu constater l'augmentation très sensible du beurre, la progression manifeste de la lactose, et suivre la marche ascendante, moins rapide, de la caséine.

Pour Desprez (2), il résulte de l'opération l'augmentation du rendement et de la qualité du lait.

INFLUENCE DE L'ALIMENTATION

Les travaux relatifs à l'influence de l'alimentation sur la composition du lait sont extrêmement nombreux, beaucoup sont entachés d'erreurs ; les expérimentateurs ne se sont pas mis à l'abri des influences diverses qui pouvaient contrarier les résultats ; néanmoins, certains de ces travaux peuvent fournir des résultats intéressants.

D'après Barreswill et Girard (3), les vaches nourries dans les pâturages donnent de meilleur lait que celles nourries à l'étable, à condition toutefois que ces pâturages ne soient pas trop éloignés des fermes, car alors le lait se perd en route ; que les carottes, les betteraves, les tiges de maïs vert, etc..., donnent un lait sucré qui se conserve mal ; que certaines plantes, comme l'absinthe, rendent le lait amer ; que les tourteaux de lin et de colza donnent au lait une saveur désagréable ; que la drèche lui donne la propriété de se coaguler rapidement.

Player (4) admet qu'un fourrage peu azoté pris à l'étable, fournit un lait abondant et riche en beurre, tandis que le paturage et le mouvement sont plus favorables à la production de caséine.

---

(1) *Premier Congrès d'industrie laitière*, page 20.
(2) *Journal Industrie laitière*, 1909, page 39.
(3) BARRESWILL et GIRARD, *Dictionnaire de chimie industrielle*, page 308
(4) J. ROUX, *loco cit.*

D'après Boussingault (1), le sel ne possède pas d'autre rôle que d'assoiffer la vache et n'excite pas la sécrétion quand on règle la quantité qu'elle doit boire.

Gautrelet (2) signale une diminution de l'extrait sec sous l'influence de l'addition brusque d'une grande quantité d'eau dans l'organisme.

Dancel (3) a étudié autrefois l'influence des aliments hydratés. D'après Cornevin (*loco cit.*) l'eau donnée chaude augmente la production laitière d'une vache.

Waldmann (4) a vérifié par l'analyse le fait connu des laitiers que la substitution des fourrages verts aux fourrages secs augmente la sécrétion.

Malpeaux et Dorez (5) ont dressé une liste des fourrages suivant leur influence sur la sécrétion beurrière. L'avoine et la vesce en vert augmentent cette sécrétion.

D'après Rémy (6), l'eau joue un grand rôle sur la production du lait ; un animal nourri dans une prairie baignée par un cours d'eau où il pourra boire à sa volonté, produira plus de lait que celui nourri dans un herbage où il n'existe qu'une mare dont l'eau boueuse fait quelquefois défaut.

Pagès (7) cite nombre de faits observés dans la pratique ou relevés dans des expériences de laboratoire qui prouvent l'influence de l'alimentation sur la composition du lait et particulièrement sur sa teneur en matières grasses.

Touchard et Bonnétat (8) ont étudié l'influence du changement de nourriture sur la composition du lait. Les vaches qui, au commencement de l'expérience, étaient

(1) *Agron. chim. agric. et physiol.*, t. V, 1871, page 386.

(2) GAUTRELET, *loco cit.*

(3) C. R. (t. LXI, 1865, page 243 et LXIII, 1866, page 475).

(4) Soc. nat. d'agric., 1890, page 441.

(5) *Annales agronomiques*, 1901, page 449.

(6) *Premier Congrès d'industrie laitière*, page 13.

(7) PAGÈS, *loco cit.*, page 54 et suivantes.

(8) *Journ. Industrie laitière*, 1905, page 27.

soumises au régime de la stabulation permanente furent envoyées au pâturage. La matière grasse subit alors des variations très importantes: l'une des vaches donna à l'étable le dimanche soir, dernier jour de la stabulation, 59 grammes de beurre par litre et seulement 25 le lendemain soir après avoir passé la journée au pâturage, soit une variation de quarante pour cent (40 0/0).

D'après le Dr Orla Jenssen (1), la quantité de lait augmente les premiers temps, chez les vaches nourries au fourrage sec, lorsqu'on passe au fourrage vert et diminue ensuite peu à peu, la teneur en lactose est très constante, la caséine augmente de 1 0/0.

Malpeaux (2), après avoir alimenté 4 vaches, d'une part avec des feuilles de betterave, d'autre part avec des racines et des tourteaux, en conclut qu'une nourriture très aqueuse, pauvre en matières azotées, augmente la sécrétion du lait, mais agit défavorablement sur la production du beurre.

Les belles recherches de Weiske (3) fournissent la preuve de l'effet avantageux que produisent les fourrages verts sur la sécrétion lactée.

Marcas et Huyge (4) concluent de leurs essais que l'alimentation des bêtes laitières ne peut exercer qu'une influence insignifiante sur la composition du lait.

Beaucoup d'expériences ont été faites ces dernières années en vue de déterminer l'influence de l'alimentation sur la richesse en matière grasse du lait de vache, la conclusion générale a été que cette richesse ne dépendait pas essentiellement du mode d'alimentation.

Des expériences ont été poursuivies pendant 4 ans à la

---

(1) *Bull. mensuel de l'office des renseignements agricoles*, 1906, page 312.

(2) Compte rendu du 6e Congrès de la Société de l'alimentation rationnelle du bétail, Paris, 1902

(3) WEISKE, *Beiträge zur Frage über grün-und Trockenfütterung, Gottingens'*, 1877.

(4) *Journal Indus. laitière*, 1912, page 6.

station expérimentale de l'Université Cornell à Ithaca Etat de New-York) (1). Dix vaches d'un troupeau reçurent alternativement une nourriture abondante à l'Université et une nourriture ordinaire à la ferme. Il en est résulté que toutes les vaches sans exception ont donné un lait plus riche en matière grasse de 1 o/o pendant tout le laps de temps afférent au régime d'alimentation abondante.

La première idée qui vient à l'esprit quand on songe à l'alimentation de la vache laitière, c'est que l'on a tout à gagner d'une suralimentation en matière grasse et en hydrates de carbone. Les chimistes et les éleveurs ont fait de fréquentes recherches dans ce sens.

Boussingault (2), seul ou en collaboration avec Lebel (3), concluait en conseillant l'emploi des tourteaux pour augmenter le rendement en beurre.

Malpeaux et Dorez (4) ont étudié l'influence des tourteaux, ils ont constaté que non seulement l'excès de cet aliment n'amenait aucun changement, mais encore diminuait quelquefois la production du beurre.

Malpeaux seul (5) et en collaboration avec Dickson (6), a expérimenté les hydrates de carbone et n'a pas constaté une augmentation bien grande de la matière grasse du lait.

Brunet et Groussier (7), Wing (8) nient l'action des aliments gras sur la production du beurre. En revanche, des expériences faites à la station laitière d'Hobenhaim (9) ont

---

(1) *The journal of the Board of agriculture*, décembre 1905.

(2) C. R , t. XVI, 1843, page 345 ; *Agron. chim. agric. et physiol.*, t. V, 1871, pages 144 et 391.

(3) C. R., t. VII, 1838, page 1019.

(4) *Annales agr.*, 1901, page 449 ; *Ann. agr.*, XXVII, page 562.

(5) *Ann. agron.*, t. XXII, page 281.

(6) *Ann. agron.*, t. XXIV, page 354.

(7) *Le fromage de Géromé*, Paris, 1890.

(8) *Annales agron.*, 1896, page 94.

(9) *Rev. gén. du lait*, 1901-1902, page 87.

conduit les opérateurs à admettre que les tourteaux de sésame et d'arachide augmentent la teneur du lait en matière grasse.

Les recherches de Gust. Kühn (1) ont montré que la farine de palme exerce une action favorable sur la sécrétion du lait et principalement sur la teneur de ce liquide en beurre.

Heinrich (2) partage la même opinion ainsi que le Dr Freitag (3).

D'après Soxhlet (4), la graisse des fourrages ne passe pas directement dans le lait.

Des expériences faites en Angleterre (5) établissent que des vaches nourries avec des tourteaux de coton produisent un lait dont le beurre donne la réaction de l'huile de coton.

E. Rigaux (6) estime que les excès de graisse dans les rations peuvent augmenter momentanément la richesse du lait en beurre, mais qu'après un laps de temps qui varie de quelques jours à quelques semaines, le lait reprend sa constitution normale.

Jordan, Jeutner et Euller (7) ont fait un travail remarquable sur le rôle des hydrates de carbone. Dans leurs expériences, la teneur du lait en beurre a augmenté, mais cette augmentation était en rapport avec la diminution de sécrétion.

Le Dr Etienne Weser (8), dans un rapport présenté au

------

(1) *Journal F. Landw. Jahrg* , 1877, s. 373.

(2) *Protokolle der Sitzungen des Zentral ; Auschlusses der Königl. land wirthschafts. Gesellschaft zu Celle 67 und 68 Heft,* Hanover, 1895 und 1896.

(3) Chilmang, *Zeitsch. d. landw. Vereins f. Rheimpr.*, 1871, s. 69 flg.

(4) *Wochenblatt d. landw. verein i. Bayern.* 1896, 40.

(5) *Milchztg,* 12 nov. 1898.

(6) *Emploi des tourteaux dans l'alimentation du bétail* (Soc. des Agric. de France).

(7) *Ann. agr.*, 1902, page 584.

(8) *Jour. Ind. lait.*, p. 794.

4me Congrès international d'industrie laitière à Budapest, dit qu'on peut admettre qu'il y a des fourrages capables d'accroître, dans une faible mesure, la quantité de lait, mais qu'une influence sur sa composition semble bien improbable.

On ne change guère non plus par une suralimentation saline la dose des matières minérales contenues dans un lait (1).

De nombreux essais ont été faits autrefois dans des vacheries industrielles pour augmenter la teneur en phosphate du lait, en fournissant aux vaches du phosphate de chaux. Duclaux (2) a montré que ces tentatives ne peuvent donner que des résultats négatifs.

Clément Schulte (3) a obtenu des résultats également négatifs en additionnant la ration de chaux, de fer, de chlore et d'acide phosphorique.

D'autre part, les essais de Vaudin (4) montrent que les cendres et les phosphates terreux ne sont pas modifiés par l'alimentation.

Orla Jenssen (5) fait remarquer que les aliments minéraux drainés par le lait sont en quantité minime par rapport à ceux que la nourriture apporte aux animaux.

Lami (6) a montré qu'une vache soumise au jeûne fournit un lait appauvri en matières grasses et en lactose, et enrichi au contraire en matières azotées.

Ce qui montre bien l'incertitude dans laquelle on se trouve encore, c'est que le vœu suivant a été voté au 5me Congrès de laiterie (7) :

« Le cinquième Congrès de laiterie constate qu'il résulte

---

(1) Lindet, *Le lait,* Paris, Gauthier-Villars, page 100.

(2) *Ann. Inst. Pasteur,* 1893, page 2.

(3) *Bull. Office renseignements agricoles,* 1903, page 1253.

(4) *Jour. Ind. laitière,* 1897, page 374.

(5) *Annuaire agr. de la Suisse,* 1905.

(6) C. R., t. LXXXIX, 1879, page 261.

(7) *Ind. laitière,* 1911, p. 519.

des observations faites dans la pratique, d'une part, et des recherches scientifiques, sur lesquelles M. le conseiller Intime Kellner a fait des rapports particuliers, d'autre part, que certains aliments exercent une influence sur la quantité des matières grasses du lait chez la plupart des vaches bonnes laitières, mais que les questions suivantes ont encore besoin d'être examinées de plus près, savoir :

1° A partir de quand cette influence des divers aliments se fait-elle remarquer ?

2° Cette influence se maintient-elle et à quel degré ?

3° L'addition de certains aliments exerce-t-elle également une influence sur la qualité des matières grasses ?

4° L'augmentation de matières grasses obtenue par l'addition de certains aliments à une ration base est-elle rémunératrice ? »

Influence des médicaments

L'arsenic donné aux nourrices à doses massives peut rendre le lait toxique aux nourrissons (1).

Il résulterait des analyses effectuées par le Dr Paul Barlerin (2) qu'à la suite de l'administration de l'extrait de graines de cotonnier aux femmes qui allaitent, on a obtenu, assez rapidement, à la fois augmentation de la quantité et amélioration de la qualité du lait, augmentation du taux des matières grasses et de la caséine.

Poux (3) serait arrivé aux mêmes résultats.

Chevalier et Goris (4) ont montré que le *morrenia brachistephana* a la même action galactogène.

---

(1) *Helwig Schmidt's Jaresb.*, CX, page 85, 1861.

(2) Dr Paul Barlerin, *Modification du lait de femme sous l'influence de l'extrait de graines de cotonnier*, Paris, Henry Paulin, 1906, page 30.

(3) *Bull. méd.*, 1906, page 1114.

(4) Chevalier et Goris, Comm. à la Soc. de thérap. de Paris, 8 déc. 1909.

Influence du travail

D'après A. Gautier (1), durant le repos, le lait s'enrichit en beurre et augmente de quantité.

Fürstenberg (2) fait observer que l'on obtient la plus grande quantité de lait en tenant les vaches en stabulation permanente.

Dans les expériences de Hohenheim (3) sur des vaches Semmenthal, on constate une diminution de 5. 9 o/o dans la quantité de lait, par suite du travail. Les expériences du professeur Wicksell sur des vaches du Harz, ont donné 8. 4 o/o et 7. 58 o/o de diminution du lait avec un accroissement très faible de la matière grasse.

Gautrelet (4) a admis que le travail diminue, dans le lait, le pourcentage des divers éléments.

Dornic (5) n'a remarqué aucun effet sur la composition du lait. Mais lorsque les vaches travaillent, le lait caille plus facilement.

Stillich (6) a montré cependant que la teneur du lait en beurre diminue par le travail.

Influence du climat

D'après Vernois et Becquerel (7), la composition du lait varie notablement selon les pays où on l'étudie.

Le lait des vaches pàturant dans les prairies basses, dans les prés et sur les pentes des coteaux, dans les plaines élevées, présente des différences minimes quant à

---

(1) A. Gautier, *loco. cit.*, page 701.
(2) Fürstenberg, *Die Milchdrüsen der Kuh*, Leipzig, 1868.
(3) *Baltische Wochenschrift*, 15/28 février 1906.
(4) Gautrelet, *loco cit.*
(5) *Journal Ind. lait.*, 1896, page 113.
(6) *Journal agric. pratique*, t. 1, 1898, page 125.
(7) Chevalier et Baudrimont, *Dict. des altérations et falsifications alimentaires*, page 890.

la proportion de matières fixes, de beurre et de lactose. (Petel et Labiche 1857).

Il résulte d'analyses faites par M. Comte (1) que le lait des brebis corses de Bevinco est plus riche en beurre et en caséine que le lait du Larzac.

INFLUENCES ATMOSPHÉRIQUES

Malpeaux et Dorez (2) ont reconnu que l'humidité atmosphérique, en diminuant la sécrétion de la peau, augmente la sécrétion lactée.

Cornevin (3) confirme ce fait.

INFLUENCE DE LA SAISON

J. Roux (4) a trouvé aux différentes époques de l'année des moyennes différentes pour un certain nombre de laits de vache qu'il a étudiés du 1ᵉʳ septembre à fin janvier.

L'extrait sec s'est notablement élevé du 18 octobre au 3 novembre par suite de l'augmentation du beurre et de la caséine.

Desbarrières (5) a constaté que pendant l'été le taux des éléments du lait est légèrement plus faible que pendant l'hiver ; c'est surtout la teneur en matière grasse qui diminue.

INFLUENCE DE L'HEURE DE LA TRAITE

Tous les auteurs s'accordent à reconnaître que les laits du soir sont plus riches en beurre que ceux du matin,

---

(1) *Journal Ind. laitière*, 1906, page 159.
(2) *Ann. agron.*, XXVII, page 460.
(3) CORNEVIN, *La production du lait*, page 50.
(4) J. ROUX, page 97, *loco cit.*
(5) DESBARRIÈRES, *loco cit.*, page 60.

mais qu'en revanche, la traite du matin est notablement plus abondante.

J. Roux (1), sur une moyenne d'observations faites pendant une période de 3 mois a trouvé, pour le lait du matin, une moyenne de 44 gr. 4 de beurre par litre et, pour le lait du soir, une moyenne de 49 gr. 2. Les expériences de Fleichmann présentent pour la traite du matin et celle du soir des chiffres de matière grasse sensiblement égaux : 32 gr. 70 le matin et 31 gr. 80 le soir (moyenne du lait de quatre vaches). Celles de Martin (2) montrent le lait du matin plus riche que celui du soir : 38 gr. 90 le matin, 35 gr. 10 le soir (six vaches), Van Engelen et Wauters (3) ont trouvé 36 gr. 20 le matin et 38 gr. 40 le soir (12 vaches), Rolet, 39 gr. le soir et 35 gr. le matin (40 analyses sur 2 vaches), Malpeaux et Dorez (4), 29 gr. le matin, 37 gr. le midi, 34 gr. le soir (7 vaches), Féry (5) 25 gr. le matin, 47 gr. 20 le midi, 36 gr. 30 le soir (25 analyses sur 7 vaches).

Desbarrières (6) prenant la moyenne de cent analyses faites sur 5 vaches, arrive à cette conclusion, que pour 4 vaches, le lait du matin est plus pauvre que celui du soir, et d'une teneur en beurre sensiblement égale pour la cinquième.

S'il est donc vrai, qu'en général, le lait du matin est plus riche que celui du soir, cette règle n'est pas invariable et souffre de nombreuses exceptions.

---

(1) J. Roux, *loco cit.*, page 97.
(2) *Journal Ind. lait.*, 1898, page 370.
(3) *Jour. Ind. laitière*, 1900, p. 101.
(4) *Annales agronomiques*, XXVII, p. 458.
(5) *Mon. scient.*, 1891, page 122.
(6) Desbarrières, *loco cit.*, page 76.

CHAPITRE III

Méthodes d'analyse.

Mes recherches ayant porté à la fois sur le lait de femme et le lait de différentes espèces animales, il m'a été parfois impossible de recueillir des échantillons suffisamment copieux ; aussi, ai-je dû suivre plusieurs méthodes d'analyse suivant la nature et la quantité de lait examiné.

Il était cependant nécessaire d'user de procédés extrêmement rigoureux, tout en étant aussi rapides que possible.

Au cours des chapitres qui suivent, je décrierai la façon dont j'ai procédé au prélèvement des différents laits que j'ai examinés.

En général, jai dosé dans chaque échantillon :

1° L'extrait sec à 100°;
2° La matière grasse ;
3° La lactose ;
4° La caséine ;
5° Les cendres ;
6° L'extrait sec dégraissé.

Tous les laits de vache ont été examinés au galacthydromètre Perrin. Je n'ai pas porté dans les tableaux que j'ai dressés, les indications données par cet instrument, je me serais répété indéfiniment, car tous les laits que j'ai examinés ont présenté, à quelques degrés près, la même résistivité, quelle que soit leur teneur en matière grasse. Pour l'appareil, tous ces laits, et c'est la réalité, étaient naturels.

Ce travail ayant pour principal objet l'étude des variations de la matière grasse, lorsque les échantillons se sont trouvés insuffisants pour effectuer le dosage de tous les éléments, j'ai toujours dosé la matière grasse et, chaque fois que cela m'a été possible, l'extrait sec.

Dans les expériences quotidiennes de longue durée, je me suis également contenté de doser chaque jour la matière grasse et l'extrait sec, me bornant à faire, tous les cinq jours, l'analyse complète des divers éléments.

Toutes les pesées ont été faites sur la balance Collot, munie du dispositif de l'amortisseur à liquide et évaluées au dixième de milligramme.

Tous les résultats sont rapportés au litre, parce que c'est l'unité de volume généralement adoptée pour le lait, et parce que les quantités prises pour base dans les analyses ont été mesurées à la pipette.

Pour rapporter les résultats à cent parties en poids, il est nécessaire de tenir compte de la densité. Or, cette dernière, à moins d'être déterminée par la balance hydrostatique, manque de précision et est susceptible d'introduire une cause d'erreur dans les résultats.

Duclaux (1), qui a étudié les divers pèse-laits en usage, dit : « Tous ces instruments ne sont pas exacts et bien construits. La hauteur dont se soulève l'instrument dépend de la nature du lait, de sa richesse en crême et de la température : il en résulte qu'on ne peut guère compter sur le chiffre des millièmes, et que celui des dix millièmes est absolument illusoire ».

Pour ces raisons, j'ai cru pouvoir négliger la détermination de la densité qui m'a semblé sans intérêt dans l'étude que j'ai entreprise.

La méthode du flacon, la seule qui puisse être employée lorsqu'on veut des résultats rigoureux, m'eût demandé beaucoup de soins et de temps. Mes recherches devant porter principalement sur les variations de la matière grasse, et ces dernières influant sur la densité en sens contraire de l'extrait sec, la détermination de la densité ne pouvait donner aucune indication utile.

Extrait sec

Pour déterminer l'extrait sec, 10 centimètres cubes de lait sont évaporés dans une capsule de platine à fond plat

---

(1) Duclaux, *Théorie élémentaire de la capillarité, Journ. de Phys.*, I, p. 1872.

de 70 millimètres de diamètre et 20 millimètres de hauteur, chauffée pendant sept heures au bain-marie. A sa sortie du bain-marie, la capsule est mise dans un exsiccateur et pesée à la balance Collot, dès qu'elle est refroidie. La tare de la capsule ayant été faite au préalable, le poids de l'extrait sec est calculé au dixième de milligramme.

L'insuffisance des échantillons m'a parfois obligé de n'opérer que sur 5 et même 3 centimètres cubes.

CENDRES

Les cendres sont obtenues en incinérant avec précaution dans un fourneau à moufle et sans dépasser le rouge sombre, l'extrait précédent jusqu'à ce que les cendres soient blanches.

Je n'ai pas dépassé le rouge sombre pour éviter la volatilisation des chlorures.

MATIÈRE GRASSE

La matière grasse a été pour les laits de femmes et dans mes premières expériences sur le lait de vache, dosée par la méthode d'Adam. J'ai par la suite employé concurremment la méthode de Bordas par centrifugation. Les deux procédés m'ont toujours donné des résultats identiques.

Exposé de la méthode d'Adam. — Dix centimètres cubes (1) de lait sont introduits dans un entonnoir à décantation avec 25 centimètres cubes du liquide éthéro-alcoolique ammoniacal d'Adam. On ferme à l'aide d'un bouchon de liège taillé en biseau et l'on agite vigoureusement après avoir rassemblé le liquide dans la boule de l'entonnoir. Après un repos de cinq minutes, le liquide sous-jacent est décanté à 1/2 centimètre près et recueilli

---

(1) Il ne m'a pas toujours été possible d'opérer sur 10 cc. J'ai dû parfois me contenter de 3 cc., j'ai dans ce cas réduit proportionnellement le volume de la liqueur d'Adam.

dans un ballon de cent centimètres cubes. L'appareil, soigneusement rebouché, est vivement roulé entre les deux mains pour favoriser la séparation des liquides et la nouvelle colonne opaline formée est recueillie avec la première dans le ballon jaugé. Vingt centimètres cubes d'eau distillée, environ, sont ensuite versés, en appuyant le bout de la pipette contre la paroi de l'entonnoir, auquel on imprime un mouvement lent de rotation, pour éviter le mélange des liquides. Après un nouveau repos de cinq minutes, la presque totalité de l'eau de lavage est soutirée et réunie au premier liquide dans le ballon de 100 cc.

Les dernières traces d'eau sont enlevées à l'aide d'un papier buvard.

La solution butyreuse est reçue dans une capsule de verre tarée, ainsi que 5 centimètres cubes, environ, d'éther à l'aide duquel l'entonnoir est rincé.

La capsule est portée au bain marie et chauffée graduellement afin d'éviter toute ébullition. La dessication du beurre est terminée à l'étuve à 110°. La capsule refroidie dans un exsiccateur est pesée aussitôt froide.

Cette méthode m'a servi chaque fois que j'ai simplement dosé le beurre et l'extrait sec dans le lait de vache. Je l'ai employée exclusivement dans l'analyse des laits de femme. D'ailleurs, d'après François Sauvaitre (1), tout démontre l'identité aussi complète que possible des beurres de femme et de vache.

CASÉINE

Suivant la méthode d'Adam, voici le procédé que j'ai employé dans mes premières expériences pour doser la caséine du lait de vache. Le liquide recueilli dans le ballon jaugé était additionné de 4 cc. d'acide acétique à 10 0/0

---

(1) *Etude psycho-chimique du beurre de femme*, thèse de Bordeaux, 1901 page 61.

et le volume complété à 100 centimètres cubes, avec de l'eau distillée.

La caséine précipitée par l'acide acétique est recueilli sur un double filtre équilibré, lavée à plusieurs reprises, desséchée à l'étuve à 110° (1) et pesée.

La caséine du lait de femme étant très difficile à coaguler, je l'ai obtenue par le calcul après avoir dosé l'azote total. J'ai admis que 1 gramme d'azote correspond à 6 gr. 75 de caséine en prenant la moyenne indiquée par Michel et Perret (2) (14, 81 o/o), des chiffres donnés par Makris (3) (14, 65 o/o), et Wroblewski (4) (14,97 o/o).

J'ai dosé l'azote total par la méthode de Kjeldahl et j'ai adopté le mode opératoire suivant : 10 centimètres cubes de lait sont introduits dans un ballon avec 10 centimètres cubes d'une solution à 30 o/o d'oxalate neutre de potasse et 10 centimètres cubes d'acide sulfurique pur. Après destruction de la matière organique, le liquide incolore qui reste dans le ballon est dilué et distillé dans l'appareil de Kjeldahl après addition de 20 centimètres cubes de lessive de soude.

L'ammoniaque qui distille est recueillie dans un ballon contenant 10 centimètres cubes d'acide sulfurique normal. Le dosage alcalimétrique donne par calcul le poids de l'azote.

Bien qu'ayant le défaut d'être un peu longue, cette méthode m'a toujours donné des résultats concordant avec ceux des dosages des autres éléments.

Je lui aurais préféré un procédé plus simple et plus rapide, tel celui de M. le professeur Denigès ; malheureu-

---

(1) Pour obtenir la dessication complète de la caséine, le filtre qui la contient est replié en deux et essoré fortement entre deux feuilles de papier buvard de façon à aplatir le plus possible la caséine, cette condition est indispensable.

(2) Michel et Perret, *La ration alimentaire de l'enfant*, Paris, O. Doin, 1907, page 18.

(3) Dissert. inaug. Strasbourg 1876.

(4) *Jahresb. der Tierchemie*, 1894, page 211.

sement le faible volume de mes échantillons ne me le permettait pas. Après avoir prélevé ce qu'il me fallait pour les dosages de l'extrait sec et de la lactose, il ne me restait souvent que 6 à 8 centimètres cubes de lait, quantité insuffisante pour doser la caséine par la méthode cyanoargentimétrique, mais suffisante pour le dosage de l'azote total.

LACTOSE

J'ai dosé la lactose par réduction au moyen de la liqueur de Fehling. Dans des essais préliminaires, j'avais employé le procédé Causse-Bonnans. Cette méthode si pratique pour le dosage du glucose m'a donné des mécomptes pour le sucre de lait.

J'ai évalué la lactose à l'état hydraté (10 centimètres cubes de liqueur de Fehling correspondant à o gr. o5 de glucose ou à o gr. o6925 de lactose hydratée) (1).

Lorsque j'ai employé la méthode d'Adam, j'ai dosé la lactose dans le liquide filtré provenant du dosage de la caséine.

Tous les laits ayant été analysés le jour même du prélèvement, je n'ai pas tenu compte de la correction d'acidité dans le dosage de la lactose.

Dans la seconde série de mes expériences sur le lait de vache, chaque fois que j'ai fait l'analyse complète du lait j'ai employé le procédé par centrifugation, suivant la méthode officielle imposée par l'arrêté du 18 janvier 1907 aux laboratoires admis à procéder à l'examen des échantillons prélevés.

J'ai utilisé la centrifugeuse électrique construite par la la maison Brewer Frères.

EXTRAIT SEC DÉGRAISSÉ

L'extrait sec dégraissé a été obtenu par différence en retranchant du poids de l'extrait sec celui de la matière grasse.

---

(1) Méthodes officielles pour l'analyse des substances alimentaires.

DEUXIÈME PARTIE

LAIT DE FEMME

CHAPITRE PREMIER

Prélèvement des échantillons destinés à l'analyse

Le prélèvement des échantillons destinés à l'analyse du lait de femme a de tout temps préoccupé les chimistes.

Sachant que tous les composants et surtout les matières grasses varient pour un même lait avec l'heure de la traite, les diverses parties d'une même traite, le lait de chaque sein, etc., on comprendra combien il est difficile de choisir un mode opératoire permettant d'obtenir l'échantillon moyen du lait. C'est évidemment l'une des causes, et non des moins importantes, qui ont rendu si dissemblables les résultats donnés par des expérimentateurs dont l'habileté ne fait aucun doute. Vernois et Becquerel se servaient d'une téterelle à pompe, ils recommandaient à la mère de sevrer des deux seins son nourrisson trois ou quatre heures à l'avance. Leurs analyses n'ont souvent porté que sur le lait d'un seul sein, ce qui est une cause d'erreur non négligeable.

Coudereau (1) dit dans sa thèse : « Il faudrait, pour

---

(1) COUDEREAU, thèse, Paris, 1859.

avoir une moyenne vraie de sa composition, prélever, à chaque tétée, une petite quantité de lait au commencement et à la fin du repas de l'enfant ».

D'après Ch. Marchand (1), pour procéder à l'examen du lait de femme, il est nécessaire que le temps écoulé, depuis que l'enfant a pris le sein, n'excède pas deux ou trois heures et, en général, il vaut mieux que le nourrisson ait commencé à téter depuis quelques instants, lorsque la nourrice tire elle-même l'échantillon qu'elle remet à l'opérateur.

Mme M. Brès (2) employait le procédé suivant : Le jour où elle devait faire l'examen d'un lait, elle passait une journée entière, vingt-quatre heures, sans s'absenter, dans la salle où se trouvait la femme qui devait lui fournir le lait. Avant et après chaque tétée elle pesait l'enfant. Par différence, elle obtenait un poids, dont elle retranchait un coefficient fixe, pour compenser les diverses pertes résultant du nourrisson (respiration). Le nouveau poids obtenu donnait le poids absorbé par l'enfant à chaque tétée. L'ensemble des poids du lait absorbé pendant toutes les tétées donnait la quantité de lait sécrétée par jour.

Pour obtenir l'échantillon moyen destiné à l'analyse, elle prélevait une petite quantité de lait avant et après la tétée. Elle les mélangeait, et c'est de ce mélange qu'elle prenait une quantité proportionnelle au poids de lait absorbé par l'enfant à la tétée correspondante.

Guiraud (3), suivant l'exemple de H. Féry (4), prélevait ses échantillons, le matin, une heure et demie ou deux heures après que l'enfant avait tété, mais très souvent, avant de recueillir l'échantillon, il lui a fallu inviter la

---

(1) Ch. Marchand, *De la composition anormale que peuvent présenter certains laits de femme*, Ass. franç. p. l'av. d. sc., C. R., 6ᵉ sess., Le Havre, 1877, page 877.

(2) Mme Brès, *De la mamelle et de l'allaitement*, thèse, Paris, 1875.

(3) Guiraud, *Le lait de femme*, thèse, Bordeaux, 1897.

(4) H. Féry, *Etude comparée sur le lait de la femme, la vache, etc.*, Paris, 1884, J.-B. Baillière.

mère ou la nourrice à mettre quelques instants l'enfant au sein, car, sous l'influence de cette action physiologique, la montée du lait s'effectuait beaucoup mieux.

Il a puisé tous les colostrums à l'aide d'une petite pompe aspirante reliée par un caoutchouc à un globe de verre dont l'ouverture entourait la base du mamelon, celui-ci en occupant bien le milieu.

La pompe ne lui a pas toujours donné de bons résultats quand il s'est agi de laits plus anciens. Après une émission, facile en apparence, de quelques centimètres cubes de lait, il n'obtenait plus rien. Aussi, tous les laits qu'il préleva à l'Hôpital des Enfants ont-ils été tirés à la main par les nourrices elles-mêmes.

Ch. Michel (1) a soumis à l'analyse un certain nombre d'échantillons de lait prélevés sur des nourrices et des mères de la Maternité de Paris; il prélevait 20 cc. au commencement d'une tétée du matin, 20 cc. au milieu d'une tétée de midi et 20 cc. à la fin d'une tétée du soir. L'analyse était faite sur le mélange de ces trois prises.

Planchu et Rendu (2) ont effectué à la nourricerie Rémond de Lyon, un total de 3.450 dosages de beurre.

Tous les jours au début d'une tétée déterminée:

7 heures du matin, du 12 novembre 1908 au 10 février 1909;

1 heure du soir, du 10 février 1909 au 2 février 1910;

10 heures du matin, du 2 février 1910 au 1ᵉʳ avril 1910;

4 heures du soir, du 1ᵉʳ avril 1910 au 30 avril 1910, ils prélevaient 10 centimètres cubes de lait à un ou deux seins à chacune des nourrices d'un pavillon de la nourricerie et en faisaient l'analyse immédiate; ils avaient ainsi, pour toutes les nourrices, pendant tout leur séjour, un graphique de la teneur en beurre du lait au début d'une tétée déterminée, tout comme ils obtenaient le graphique

---

(1) Ch. Michel, *Obstétrique*, mars 1906.

(2) *Archives de Médecine des enfants*, t. XIV, 1911, nº 8, page 585.

de la quantité totale de lait sécrétée quotidiennement, par la somme des chiffres trouvés en retranchant les uns des autres les poids des enfants avant et après chaque tétée.

Pour justifier cette façon de procéder, ils écrivent ceci : « 1° On sait toujours quand est le début d'une tétée, tandis qu'on ignore quand est le milieu ou la fin. Souvent, quand une nourrice prétendait avoir donné le lait de la fin d'une tétée, des manœuvres d'expression permettaient de recueillir encore une certaine quantité de lait ; 2° Quand une nourrice allaite un seul enfant, ce dernier absorbe le début et le milieu d'une tétée, rarement la fin, l'assèchement complet de la glande mammaire demandant de trop grands efforts de succion ».

Je partage entièrement l'opinion de MM. Planchu et Rendu, en ce qui concerne la difficulté de déterminer le milieu et la fin d'une tétée. Il me paraît très difficile de recueillir à coup sûr les 20 derniers centimètres cubes de lait, de même que l'on ne peut être certain de prélever exactement 20 centimètres cubes à égale distance du début et de la fin de la tétée. Or, on peut voir, d'après les résultats des traites fractionnées que je donne plus loin, combien est variable la teneur en matière grasse du lait aux différentes phases de la traite.

Pour me placer dans des conditions aussi voisines que possible de la tétée réelle de l'enfant, j'ai, chaque fois, vidé le sein complètement et j'ai pour cela employé le dispositif suivant :

Un tire-lait de Budin est relié par un tube à vide à un tube de verre, taillé en biseau, monté à l'aide d'un bouchon de caoutchouc sur un flacon conique en verre épais muni d'une tubulure latérale (1). Un tube à vide fait communi-

------

(1) J'ai utilisé pour cet usage les fioles qui servent pour filtrer à l'aide de la trompe à vide.

quer cette tubulure avec un second flacon, semblable au premier, relié à une trompe. Le tube de verre qui s'adapte au bouchon de ce second flacon est muni d'un robinet de verre.

La seconde tubulure du tire-lait de Budin est munie d'un tube de caoutchouc ordinaire fermé par une pince de Mohr.

Le vide étant fait dans le second flacon, j'adapte la tétine au sein de la nourrice en plaçant très exactement le mamelon au centre, j'ouvre très légèrement le robinet

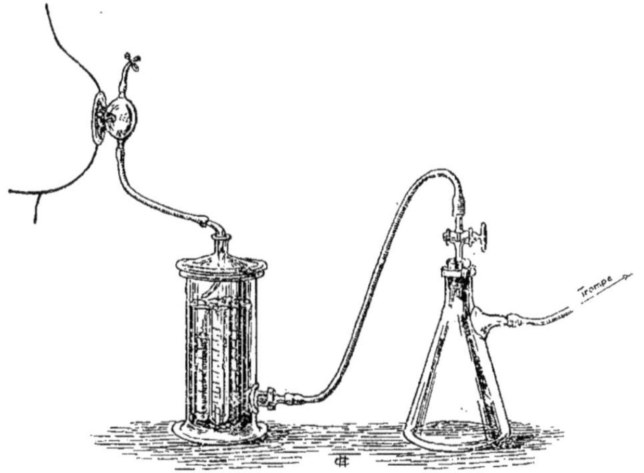

Fig. III. — Dispositif adopté pour le fractionnement du lait de femme

de verre, de façon à faire un vide partiel dans le premier flacon, et je le referme aussitôt. Par des pressions manuelles exercées sur le sein, je facilite l'émission du lait. Pour ne pas fatiguer le mamelon, je laisse rentrer l'air de temps à autre en ouvrant la pince de Mohr. Par ce procédé j'ai toujours pu vider le sein sans difficulté.

Pour diviser la traite, j'ai substitué au premier flacon,

le dispositif imaginé par Delépine (1) pour les distillations fractionnées dans le vide.

Il se compose d'une éprouvette cylindrique en verre ayant 20 cent. de hauteur sur 8 cent. de diamètre intérieur. La partie supérieure est rodée pour recevoir un couvercle également rodé à sa base. Ce couvercle est percé, au centre, d'un trou rodé dans lequel peut tourner un distributeur dont la partie supérieure est reliée au tube venant du tire-lait ; la partie inférieure est coudée. Dans l'intérieur de l'éprouvette sont disposés des tubes à bec, gradués, maintenus par un support. A la partie inférieure de l'éprouvette est un ajutage en verre permettant de rattacher l'appareil au flacon conique dans lequel est fait le vide. Pendant la traite, on n'a qu'à tourner l'appareil autour du rodage du distributeur pour amener l'extrémité de celui-ci successivement au-dessus de chacun des tubes.

---

(1) DELÉPINE, *Bull. des Sc. Pharm.*, t. XV, page 262, 1908.

CHAPITRE II

Variations journalières

Pour suivre les variations journalières du lait de nourrice, j'ai analysé, pendant 25 jours, le lait de trois femmes.

Observation I

Marie G..., femme de 28 ans, femme de marin, se nourrit principalement de poisson, cheveux châtain foncé, dents mauvaises (toutes les molaires sont cariées). A eu deux enfants, tous les deux vivants, qu'elle a nourris elle-même, allaite son troisième enfant âgé de 6 semaines. L'enfant pèse le 9 juillet 3 k. 850 ; le 3 août 4 k. 590.

J'ai recueilli séparément le lait de chaque sein complètement vidé ; le volume fourni par chacune des mamelles étant exactement mesuré et le dosage de chaque élément effectué séparément, j'ai, par le calcul, déterminé la teneur en matière grasse du mélange du lait des deux seins. Les prélèvements ont tous été faits à la même heure, 8 heures du matin ; l'enfant tétait à 6 heures du matin. La tétée supprimée lui était remplacée par 90 gr. de lait fixé Autefage.

L'extrait sec dégraissé est remarquable par la fixité de sa composition. On ne constate que 2 gr. 46 d'écart entre

le maximum, 85 gr. 85 et le minimum, 83 gr. 39. La lactose
n'a varié que de 3 gr., la caséine s'est maintenue entre 14
et 15 gr. et les cendres sont restées invariables. Seule la
matière grasse a montré des variations importantes, avec
10 gr. 60 d'écart entre le maximum, 38 gr. 64 (sein droit,
24 juillet) et le minimum, 28 gr. 05 (sein gauche, 15 juillet).
Le 15 et le 16 juillet le sein gauche a donné 28 gr. 05 et
36 gr. 52 de matière grasse par litre, soit une variation de
23. 2 %. La variation du lait du sein droit a été un peu
moins sensible, cependant on constate une différence de
7 gr. 40 entre le lait total des mêmes jours.

OBSERVATION II

M. B..., 24 ans, rousse, bonne dentition, mariée à un
garçon boucher, se nourrit principalement de viande.
Allaite son premier enfant âgé de 5 mois, l'enfant au 27
janvier pèse 5 k. 210. Son lait étant insuffisant elle pratique l'allaitement mixte. Jusqu'au moment des expériences
elle a donné du lait bouilli concurremment avec son pro-
pre lait. A dater du 27 janvier, elle remplace le lait de
vache par le lait stérilisé Autefage.

Je recueille le lait de chaque sein par petites fractions
et je fais changer l'heure de la traite, ainsi que celle de la
tétée précédente. Les résultats obtenus et que j'ai groupés
dans un tableau, sont fort intéressants. Ils démontrent
que le volume du lait tiré de chaque sein et l'intervalle
qui sépare la traite de la tétée précédente n'ont qu'une
influence insignifiante, sinon nulle, sur la composition du
lait.

Nous voyons, en effet, le lait du 31 janvier, dont le volume atteint 118 cc. tenir 19 gr. 20 de beurre par litre et celui
du lendemain, 1ᵉʳ février, tenir 18 gr. 42 pour un volume
de 23 cc. Le 9 février, la même teneur de 19 gr. 38 se

retrouve pour un volume de 22 cc. Seul le lait du 7 février, dont je n'ai pu obtenir que 6 cc. en tout, renferme 23 gr. 88 de beurre par litre. Et rien ne prouve que la faiblesse du volume a influé sur la composition, puisque le lendemain le lait contenait 22 gr. 33 de matière grasse et son volume était de 46 cc.

Je crois pouvoir tirer de ces faits la conclusion que le chimiste, chargé de procéder à l'analyse d'un lait de femme, devra, autant que possible, procéder lui-même à la prise d'échantillon, et, pour ce, faire vider complètement les deux seins quelle que soit l'heure de la tétée précédente, pourvu qu'elle date d'au moins une heure.

Le lait examiné dans cette observation présente les mêmes variations de la matière grasse en opposition avec la fixité des autres éléments. Le maximum de beurre rencontré dans le lait du sein gauche est de 25 gr. 43 et le minimum de 14 gr. 55. Le lait du sein droit présente un maximum de 22 gr. 25 et un minimum de 15 gr. 27. La plus forte teneur correspond à un volume de 40 centim. cubes et la plus faible à 44 centim. cubes.

OBSERVATION III

Augustine G..., 32 ans, femme d'ouvrier, cheveux chatain foncé. A eu trois enfants, tous vivants ; allaite le quatrième, âgé de 2 mois. Le 18 février, l'enfant pèse 4 k. 340. Le lait, plus abondant, de cette nourrice me permet d'opérer un fractionnement de la traite, plus régulier. Je prélève d'abord exactement 10 cc. de chaque sein, puis 20 cc. environ et je vide la mamelle au 3me prélèvement si ce n'est déja fait au second. Ce mode opératoire me permet de comparer les variations des 10 premiers centimètres cubes avec celles de la traite entière.

Afin de rendre plus visibles les variations de la matière

grasse, j'ai tracé les courbes représentées fig. IV, V et VI.

Dans la figure IV, j'ai représenté, en partant du bas, la courbe du beurre contenu dans le lait fourni par le sein droit, au-dessus, celle du sein gauche, puis celle du lait total, enfin la courbe du volume (Observation I).

On voit d'abord qu'il n'y a aucune corrélation entre le volume du lait et la teneur en matière grasse. On remarque également que les courbes fournies par les deux seins ne sont pas parallèles.

La fig. V donne les mêmes courbes pour l'observation II. Il faut remarquer que la matière grasse varie à peine du 31 janvier au premier février, bien que le volume soit tombé de 118 cc. à 23 cc. Le 7 février se produit une légère augmentation de la matière grasse correspondant à une quantité extrêmement faible de lait fourni par les deux seins (6 cc). De même que pour l'observation I, les courbes fournies par les deux seins ne sont pas parallèles.

Dans la fig. VI, j'ai tracé, en bas, la courbe de la teneur moyenne en beurre des 10 premiers centimètres cubes prélevés sur chaque sein et au-dessus la courbe de la teneur en beurre de la totalité du lait. Cette figure montre nettement que ces deux courbes ne sont pas comparables. Le travail très important fourni par MM. Planchu et Rendu, puisqu'ils ont procédé à 3450 dosages de beurre, n'a donc pu donner que des résultats approximatifs, ces auteurs ayant comparé tous leurs laits d'après la teneur en beurre d'un échantillon de 10 cc. prélevé sur les deux seins au début de la traite.

On voit, par les résultats que j'ai exposés, combien il est illusoire de se fier à une seule analyse de lait, surtout si on n'a pas eu le soin de vider entièrement les 2 seins pour prélever un échantillon moyen.

Quelles sont les causes de ces variations quotidiennes de la matière grasse ? — Il m'a été impossible de les déterminer. Nous avons vu qu'elles étaient indépendantes du volume sécrété. Il me paraît difficile d'incriminer la nourriture, deux au moins des nourrices avaient une alimentation très régulière. Marie G..., en particulier, femme de marin, se nourrissait presque exclusivement de poisson. D'autre part, l'état pathologique de chacune d'elles s'est maintenu excellent pendant toute la durée des expériences.

LAIT DE FEMME. — Observation I

DATES	Sein	Volume	Matière grasse	Lactose	Caséine	Cendres	Extrait sec	Extrait dégraissé	Volume total	Matière grasse totale par litre
Juillet 9	D	36	32 81	66.28	14.05	2.62	117.03	84.19	78	33.61
	G	42	34 28	66.72	14.52	2.65	119.51	85.23		
10	D	39	36.43	64.84	14.31	2.62	119.82	83.39	83	35.50
	G	44	34.68	66.45	14.32	2.61	120.14	85.46		
11	D	32	30.37	66.22	14.07	2.63	114.68	84.31	79	30.84
	G	47	31.16	66.56	14.81	2.63	117.01	85.85		
12	D	30	28.27	66.28	14.12	2.64	112.47	84.20	78	29.63
	G	48	30.48	66 69	14.48	2.62	115.66	85.18		
13	D	34	30.82	66.58	14.57	2.61	115.91	85.09	83	31.68
	G	49	32.28	66.49	14.41	2.63	117.32	85.04		
15	D	36	30.16	64.84	14.30	2.62	113.32	83.16	85	28.94
	G	49	28 05	66.28	14.20	2.61	112.23	84.18		
16	D	32	36.11	66.24	14.08	2.64	120.43	84.32	76	36.34
	G	44	36 52	66.80	14.36	2.62	121.91	85.39		
17	D	28	38.36	66.28	14.20	2.65	122.78	84.42	80	37.10
	G	52	36 43	66.21	14.39	2.63	121.04	84.61		
18	D	29	28 72	66.78	14 34	2.70	114.16	85 44	77	31.17
	G	48	32.66	66.52	14.71	2.66	118.38	85.72		
	D									
19		32	29.51	65.09	14 28	2.58	113.36	83.85	81	29.48
	G	49	29.44	65.18	14.14	2.61	113.20	83.76		
20	D	29	37.38	66.20	14.16	2.48	122.15	84.77	79	35.91
	G	50	35.07	66 21	14.42	2.50	119.45	84.38		

21	D	35	36.00	66.85	14.62	2.67	121.85	85.85	82	36.15
	G	47	36.25	66.44	14 56	2.65	121.68	85.43		
22	D	38	32.28	66.78	14.63	2.63	117.67	85.39	85	33.57
	G	47	34.62	66.59	14.75	2.63	119.89	85.27		
23	D	25	38.34	66.70	14.48	2.61	123.80	85.46	74	36.96
	G	49	36.27	66.23	14.10	2.62	120.66	84.39		
24	D	32	38.64	64.72	14.06	2.64	121.89	83 25	80	37.97
	G	48	37.53	66.48	14.18	2.65	122.21	84 68		
25	D	41	36.48	64 02	14 26	2.65	120.20	83.72	101	37.06
	G	60	37.46	66 66	14.84	2.61	122.64	85.18		
26	D	37	35.52	66.22	14.31	2.63	120.34	84.82	81	35.40
	G	44	35.31	66.18	14 20	2.64	119.35	84.04		
27	D	35	36.12	66 26	14.22	2.64	120.28	84 16	81.	36.20
	G	46	36 27	66 80	14.36	2.64	121.56	85.29		
28	D	28	32.11	65.02	14.30	2.62	115.73	83.62	60	31.29
	G	41	30.50	65.12	14 16	2.61	113.98	83.48		
29	D	29	31.48	64.88	14.42	2.61	114.87	83.39	76	32.04
	G	47	32.39	66.18	14.80	2.64	117 04	84 65		
30	D	35	33.67	66 68	14.90	2.65	119.03	85.36	84	32.05
	G	49	32.45	66 27	14.16	2 64	116.45	84.00		
31	D	28	31.36	66.52	14.21	2.65	115.83	84.47	80	30.94
	G	52	30 72	66.70	14.80	2.66	116 21	85.49		
Août 1	D	32	34.28	66.88	14.78	2.61	119 62	85.34	81	34 24
	G	49	34.29	67.04	14.72	2.62	119.95	85.66		
2	D	29	32.34	66.65	14 42	2.64	116.88	84.54	73	34.15
	G	44	35.35	66.92	14.81	2.65	120.73	85.18		
3	D	36	37.74	66.28	14.32	2.65	122.03	84.29	87	37 96
	G	51	38.12	66.48	14.36	2.65	122.52	84.40		
Maximum			38 64	67.04	14.90	2.70	123 80	85 85	»	37.97
Minimum			28.05	64.02	14.05	2.50	112.17	83.39	»	28.94

LAIT DE FEMME — Observation II

DATES	HEURE de la dernière tétée	HEURE de la traite	Sein	Volume	Matière grasse	Lactose	Caséine	Cendres	Extrait sec	Extrait dégraissé
Janv. 27	7	9	D	26	18 61	71.26	13.14	1.82	107.02	88 41
			G	9	19.14	71.15	»	1.81	107 52	88.35
28	5	9	D	61	19.14	71.42	12.81	1.80	106.28	87.14
			G	7	17.81	71 16	»	1.82	105.05	87.24
29	5	9	D1	12	8.02	73 42	»	1.81	97.67	89.05
			D2	12	9.59	73.28	»	1 87	98.13	88.54
			D3	22	11.89	73.36	13.31.	1.83	100.58	88.69
			D4	22	26.39	73.48	»	1.80	115.53	89.14
			D5	9	38.23	73.16	»	1.84	126.35	88.12
			G	5	18.68	»	»	»	»	»
30	7	9	D1	18	7.37	72.20	13.06	1.87	95.56	88.19
			D2	8	11.35	»	»	»	»	»
			D3	12	18.61	73.21	»	1.82	107.52	88.91
			D4	14	36 43	72.91	»	1.84	124.57	88.14
			G1	16	16.00	73.18	»	1.80	104.60	88 60
			G2	8	29.76	»	»	»	»	»
31	7 1/2	13 1/2	D1	40	13.49	72.64	13.12	1.79	99.66	86.17
			D2	35	25.72	72.95	»	1.82	112.83	87.11
			D3	6	28.01	»	»	»	»	»
			G	37	17.79	72.41	13.06	1.84	104.11	86.32
Févr. 1	11	13 1/2	D	23	18.42	73.29	13.16	1.82	107.09	88.67
			G	»	»	»	»	»	»	»
2	10 1/2	13 1/2	D1	30	18.17	73.81	13.66	1.85	107.38	89.21
			D2	12	20.21	73.62	»	1.82	109.12	88.91
			G	5	15.36	»	»	»	»	»
3	5	7	D	30	19.04	74.28	13.81	1.84	109.78	90.74
			G	13	14.55	73.96	»	1.80	104 47	89.92
6	10	13 1/2	D1	42	16.15	72.10	11.08	1.81	101.75	85.60
			D2	10	28.52	71.08	»	1.80	113.33	84.81
			G	11	22.27	72.10	»	1.82	108.45	86.18

7	12	13 1/2	D	4						
			G		23.88	»	»	»	»	»
8	6	8 1/2	D1	6	7.49	»	»	»	»	»
			D2	23	22.64	71.85	12.64	1.84	110.49	87.85
			D3	14	27.55	71.70	,	1.84	115.03	87 48
			G	3	25.43	»	»	»	»	»
9	12	13 1/2	D	12	18.21	70.91	»	1.82	104.50	86.29
	10		G	10	20.80	71.12	»	1.84	107 21	86.41
10	11	13 1/2	D1	12	9.38	71.41	»	1.82	97.52	88 14
			D2	8	10.88	»	»	»	»	»
			D3	6	17.02	»	»	»	»	»
			D4	14	19.39	71.24	»	1.84	107.60	88.21
			D5	4	25.12	»	»	»	»	»
			G1	6	16.42	»	»	»	»	»
			G2	4	23.92	»	»	»	»	»
11	8	9	D	18	18.25	»	»	»	106.86	88.61
	6		G	12	18.30	»	»	»	106.64	88.34
12	7	9	D	32	19.72	»	»	»	108.84	89.12
			G	8	20.25	»	»	»	»	»
13	7	9	D	40	18.58	»	»	»	107.20	88.62
			G	16	21.00	»	»	»	107.60	86 60
14	8	9	D	26	18.40	»	»	»	105.58	87.18
			G	6	16.39	»	»	»	»	»
15	5	9	D	80	18 51	»	»	»	106.07	87.56
			G	13	17.76	»	»	»	106 10	88.34
16	7	9	D	42	22.25	»	»	»	109.16	86.91
			G	11	19 16	»	»	»	108 62	89.46
17	8	9	D	14	17.14	»	»	»	105.75	88.61
	7		G	14	14.88	»	»	»	103.22	88.34
18	7	9	D	36	19.66	»	»	»	106.85	87.19
			G	9	16.17	»	»	»	105 68	89.51
19	7	9	D	24	18.48	»	»	»	104.91	86.43
			G	5	15.53	»	»	»	104.91	89 38
20	7	9	D	34	19.37	»	»	»	106 54	87.17
			G	12	18.27	»	»	»	106.69	88.42
21	7	9	D	38	19.14	»	»	»	106.40	87.26
			G	6	17.38	»	»	»	105.75	88.37
22	7	9	D	24	18 68	»	»	»	107.32	88.64
			G	14	19.40	»	»	»	105.69	86.29

	SEIN DROIT											
DATES	1er Prélèvᵗ		2ᵉ Prélèvᵗ		3ᵉ Prélèvᵗ		4ᵉ Prélèvᵗ		5ᵉ Prélèvᵗ		TOTALITÉ	
	Vol.	Mat. grasse.	Vol.	Mat. grasse.	Vol.	Mat. grasse.	Vol.	Mat. grasse.	Vol.	Mat. grasse.	Vol.	Mat. grasse.
Janv. 27	26	18.61									26	18.61
28	61	19.14									61	19.14
29	12	8.02	12	9.59	22	11 89	22	26.39	9	38 23	77	18 15
30	18	7.37	8	11.35	12	18.61	14	36 43	»	»	32	18.40
31	40	13.49	35	25.72	6	28.01	»	»	»	»	81	19.85
Fév. 1	23	18.42	»	»	»	»	»	»	»	»	23	18.42
2	30	18.17	12	20.21	»	»	»	»	»	»	42	18.75
3	30	19 04	»	»	»	»	»	»	»	»	30	19 04
6	42	16.15	10	28 52	»	»	»	»	»	»	52	18.52
7	4	mélangé avec le prélèvement du sein gauche.										
8	6	7.49	23	22.64	14	27.55	»	»	»	»	43	22.12
9	12	18.21	»	»	»	»	»	»	»	»	12	18.21
10	12	9 38	8	10 88	6	17.02	14	19.39	4	25.12	44	15.27
11	18	18.25	»	»	»	»	»	»	»	»	18	18.25
12	32	19.72	»	»	»	»	»	»	»	»	32	19.72
13	40	18.58	»	»	»	»	»	»	»	»	40	18 58
14	26	18.40	»	»	»	»	»	»	»	»	26	18.40
15	80	19.51	»	»	»	»	»	»	»	»	80	19.51
16	40	22.25	»	»	»	»	»	»	»	»	40	22.25
17	14	17.14	»	»	»	»	»	»	»	»	14	17.14
18	36	19.66	»	»	»	»	»	»	»	»	36	19.66
19	24	18.48	»	»	»	»	»	»	»	»	24	18 48
20	34	19.37	»	»	»	»	»	»	»	»	34	19.37
21	38	19.14	»	»	»	»	»	»	»	»	38	19.14
22	24	18.68	»	»	»	»	»	»	»	»	24	18.68
Maximum												22 25
Minimum												15 27
Moyenne											38.33	19.57

DE LA MATIÈRE GRASSE.

| SEIN GAUCHE | | | | | | TOTALITÉ de la traite | | INTERVALLE entre la dernière tétée et la traite |
| 1er Prélèvement | | 2e Prélèvement | | TOTALITÉ | | | | |
Vol.	Mat. grasse	Vol.	Mat. grasse	Vol.	Mat. grasse	Vol.	Mat. grasse	
9	19.14	»	»	9	19.14	35	18.74	2 heures.
7	17.81	»	»	7	17.81	68	19.00	4
5	18.68	»	»	5	18.68	82	18.18	4
5	16.00	8	29.76	24	20.58	56	19.33	2
37	17.79	»	»	37	17.79	118	19 20	6
»	»	»	«	»	»	23	18 42	2 1/2
5	15.36	»	»	5	15.36	47	18.38	3
13	14.55	»	»	13	14.55	43	17.68	2
11	22.27	»	»	11	22.27	63	19.17	3 1/2
2	mélangé au lait du sein droit.					6	23.88	1 1/2
3	25.43	»	»	3	25.43	46	22.33	2 1/2
10	20.80	»	»	10	20.80	22	19.38	1 1/2
6	16 42	4	23.92	10	19.42	54	16 03	2 1/2
12	18.30	»	»	12	18.30	30	18 27	1
8	20.25	»	»	8	20.25	40	19.82	2
16	21.00	»	»	16	21.00	56	19.27	2
6	16.39	»	»	6	16.39	32	18.02	2
13	17.76	»	»	13	17.76	93	19.26	4
11	19.16	»	»	11	19.16	51	21.57	2
14	14.88	»	»	14	14.88	28	16.01	1
9	16.17	»	»	9	16.17	45	18.96	2
5	15.53	»	»	5	15.53	29	17.97	2
12	18.27	»	»	12	18.27	46	19.08	2
6	17.38	»	»	6	17.38	44	18.90	2
14	19.40	»	»	14	19.40	38	18.94	2
. . . .					25.43	. . . Maximum.		
. . . .					14.55	. . . Minimum.		
. . . .				11.30	18.56	. . . moyenne.		

LAIT DE FEMME. — Observation III

DATES	HEURE de la dernière tétée.	HEURE de la traite.	Sein.	Volume.	Matière grasse.	Lactose.	Caséine.	Cendres	Extrait sec.	Extrait dégraissé.
Févr. 18	9	11	D1	10	12.34	72.80	»	»	97.80	85.46
			D2	20	25.62	73.21	10.10	2.06	112 45	86.83
			D3	31	51.08	72.61	10.14	2.05	137 42	86.34
			G1	10	24.53	72.44	»	»	110.82	86 29
			G2	20	46.35	72.82	10.84	2.06	133.52	87.17
			G3	8	71.24	»	»	»	155.86	84 62
19	11	13 1/2	D1	10	18.26	»	»	»	104.10	85.84
			D2	20	46.49	73.22	10.45	2.04	133.38	86 89
			D3	22	64.16	»	»	»	148.62	84.46
			G1	10	18.27	»	»	»	106.59	88.32
			G2	20	43 88	72.60	10.28	2.06	130.51	86.63
			G3	10	68.49	»	»	»	155.42	86.93
20	11	13 1/2	D1	10	19.44	»	»	»	107.08	87.64
			D2	20	42.63	70.24	10.42	2.04	127.13	84 50
			D3	31	48.24	»	»	»	134.42	86.18
			G1	10	28.32	»	»	»	112.66	84.34
			G2	22	54.64	71.80	10.65	2.06	140 95	86.31
21	11	13	D1	10	13.39	»	»	»	100 66	87 27
			D2	20	40.68	71.42	10.60	2.04	126.32	85 64
			D3	14	69.22	»	»	»	153 87	84.65
			G1	10	29.63	»	»	»	115.23	85.60
			G2	24	57.43	71.09	10.82	2.06	142.43	85.00
22	9	11	D1	10	18.64	»	»	»	104.11	85.47
			D2	20	28.48	71.92	11.04	2.05	114.91	86 43
			D3	20	38.17	»	»	»	123 61	85 44
			G1	10	16.88	»	»	»	104.29	87.41
			G2	20	39.51	70.96	10.21	2.02	123.87	84.36
			G3	12	69.32	»	»	»	154.84	85.52
23	9	11 1/2	D1	10	19.48	»	»	»	106.90	87.42

			D2	20	39.53	»	»	»	125.91	86.38
			D3	32	55.07	72.18	10.15	2.03	141.58	86.61
			G1	10	31.73	»	»	»	119.26	87.53
			G2	20	55.28	»	»	»	141.68	86.40
			G3	8	73.46	»	»	»	157.85	84.39
24	9	11	D1	10	17.36	»	»	»	105.08	87.72
			D2	20	38.24	»	»	»	125.79	87.55
			D3	35	51.95	»	»	»	138.38	86.43
			G1	10	29.42	»	»	»	117.18	87 76
			G2	16	48.01	72.32	10.14	2.06	134.63	86.62
25	16 1/2	18	D1	10	36.39	»	»	»	123.92	87.53
			D2	12	58.11	»	»	»	144.59	86.48
			G1	10	32.86	»	»	»	119.23	86.37
			G2	18	50.88	»	»	»	136.16	85.28
26	16 1/2	19	D1	10	12.39	»	»	»	99.61	87.22
			D2	20	27.74	73.16	10.82	2.04	115.06	87.32
			D3	32	48.77	»	»	»	135.13	86.36
			G1	10	16.73	»	»	»	104.27	87.54
			G2	20	35.10	»	»	»	121.72	86 62
			G3	12	66.61	»	»	»	151.16	84.55
27	15	16 1/2	D1	10	26.50	»	»	»	113.94	87.44
			D2	24	58.74	»	»	»	145.03	86.29
			G1	10	26 45	»	»	»	114.28	87.83
			G2	24	48.64	72.29	10.62	2.06	135.40	86.76
28	17	19	D1	10	18.23	»	»	»	105.51	87.28
			D2	20	32.48	72.43	10.13	2.06	118.82	86.34
			D3	17	40.86	»	»	»	127.48	86 62
			G1	10	19.12	»	»	»	106.73	87.61
			G2	23	35.31	»	»	»	122.03	86.72
29	17	19	D1	10	16.41	»	»	»	103.89	87.48
			D2	20	28.35	»	»	»	114 89	86.54
			D3	22	41.36	»	»	»	127.84	86.48
			G1	10	12.28	»	»	»	99.65	87 37
			G2	20	20.40	72.28	10.16	2.05	107.11	36.71
			G3	10	61.48	»	»	»	146.12	84.64

LAIT DE FEMME. — Observation III (suite).

DATES	HEURE de la dernière tétée.	HEURE de la traite.	Sein.	Volume.	Matière grasse.	Lactose.	Caséine.	Cendres.	Extrait sec.	Extrait dégraissé.
Mars 1	16	18 1/2	D1	10	13.14	»	»	»	100.66	87.52
			D2	20	32.64	72.32	10.21	2.03	118.94	86.30
			D3	38	40.52	»	»	»	126.52	86.00
			G1	10	22 56	»	»	»	109.82	87.26
			G2	20	37.74	»	»	»	124.03	86.29
			G3	6	75.21	»	»	»	160.05	84.84
2	17	19	D1	10	22 37	»	»	»	110.15	87.78
			D2	20	39.72	72.52	10.09	2.04	126 25	86.53
			D3	26	58.91	»	»	»	144.53	85 62
			G1	10	34.44	»	»	»	121 87	86.43
			G2	19	53 07	»	»	»	139 89	86.82
3	17 1/2	19	D1	10	22 37	»	»	»	109.30	87 93
			D2	20	33 81	»	»	»	121.54	87.73
			D3	9	66.14	»	»	»	150.98	84.84
			G1	10	35.71	»	»	»	122.88	87.17
			G2	21	57.23	72.45	10.20	2.05	143.51	86.28
4	17	19	D1	10	16.64	»	»	»	104.06	87.42
			D2	20	42.33	72.14	10.29	2.05	128.64	86.31
			D3	22	64.16	»	»	»	149.42	85.26
			G1	10	32 17	»	»	»	118.78	86.61
			G2	16	48.32	»	»	»	134.86	86.54
5	17 1/2	19	D1	10	18 42	»	»	»	108.79	90.37
			D2	20	40 62	»	»	»	127.36	86.74
			D3	11	67.69	»	»	»	152.97	85.28
			G1	10	29.41	»	»	»	118 23	87.82
			G2	22	57.04	72.62	10.30	2.06	143.87	86.83
6	17	19	D1	10	12 46	»	»	»	100 70	88.24
			D2	20	26.56	73.25	10.82	2.06	114.48	87.92
			D3	24	40.94	»	»	»	127.07	86.13

			G1	10	20.85	»	»	»	108.17	87.32
			G2	24	43.24	»	»	»	129.85	86.61
7	6	8	D1	10	14.58	»	»	»	103.82	89.21
			D2	20	47.48	»	»	»	133.51	86.03
			D3	32	60.16	»	»	»	145.58	85.42
			G1	10	17.36	»	»	»	105.58	88.22
			G2	20	44.28	72.48	10.45	2.05	130.66	86.38
			G3	12	69.19	»	»	»	154.31	85.12
8	6 1/2	8	D1	10	19.45	»	»	»	106.86	87.41
			D2	20	44.35	»	»	»	130.67	86.32
			D3	18	58.91	»	»	»	141.57	85.66
			G1	10	28.52	»	»	»	115.89	87.37
			G2	15	46.75	72.27	10.31	2.05	133.17	86.42
9	6 1/2	8	D1	10	19.45	»	»	»	107.08	87.63
			D2	20	44.35	72.28	10.81	2.03	131.07	86.72
			D3	18	58.91	»	»	»	144.71	85.80
			G1	10	28.34	»	»	»	115.51	87.17
			G2	10	57.92	»	»	»	144.50	86.58
10	6	8	D1	10	19.39	»	»	»	108.21	89.52
			D2	20	45.28	»	»	»	131.54	86.26
			D3	19	59.31	»	»	»	145.05	85.74
			G1	10	27.85	»	»	»	115.62	87.77
			G2	22	48.60	72.41	10.18	2.05	134.87	86.27
11	7	8	D1	10	24.36	»	»	»	111.75	87.39
			D2	20	51.26	71.28	10.31	2.06	136.14	84.88
			D3	8	72.29	»	»	»	156.73	84.44
			G1	10	39.42	»	»	»	126.04	86.62
			G2	8	60.12	»	»	»	145.57	85.45
12	5 1/2	8	D1	10	17.43	»	»	»	105.47	88.04
			D2	20	40.47	»	»	»	126.69	86.22
			D3	31	48.63	»	»	»	134.78	86.15
			G1	10	32.12	»	»	»	118.30	86.18
			G2	20	50.55	71.19	10.42	2.06	135.92	85.37
			G3	12	72.27	»	»	»	156.50	84.23
13	6	8	D1	10	18.82	»	»	»	109.06	90.24
			D2	20	38.35	»	»	»	125.71	87.36
			D3	20	60.72	»	»	»	146.39	85.67
			G1	10	20.26	»	»	»	108.04	87.78
			G2	24	40.17	72.84	10.54	2.04	127.06	86.89

DATES	SEIN DROIT									Moyenne de la matière grasse du 1er prélèv^t de chaque sein.
	1er Prélèvement		2e Prélèvement		3e Prélèvement		TOTALITÉ			
	Vol.	Mat. grasse.	Vol.	Mat. grasse.	Vol.	Mat. grasse.	Vol.	Mat. grasse.		
Févr. 18	10	12.34	20	25.62	31	61.08	61	53.12		18.43
19	10	18.26	20	46.49	22	64.16	52	48.54		18 26
20	10	19.44	20	42.63	31	48.24	61	41.68		23.88
21	10	13.39	20	40.68	14	· 69.22	44	43.56		24.53
22	10	18.64	20	28.48	20	38.17	50	30.39		17.75
23	10 ·	19.48	20	39.53	32	55 07	62	44.32		25.60
24	10	17.36	20	38 24	35	51.95	65	42.41		23.39
25	10	36.39	12	58 11	»	»	22	48.24		34.62
26	10	12.39	20	27.74	32	48.77	62	36.12		14.56
27	10	26.50	24	58.74	»	»	34	49 26		26.47
28	10	18.23	20	32 48	17	40.86	47	32.46		18.67
29	10	16.41	20	28.35	22	41 36	54	30.39		14 34
Mars 1	10	13.14	20	32.64	38	40 52	68	34.18		17.85
2	10	17.21	20	39.72	26	58.91	56	44.61		25.82
3	10	22.37	20	33.81	9	66 14	39	38.34		29.04
4	10	16.64	20	42.23	22	64 16	52	46.59		24.40
5	10	18.42	20	40.62	11	67 69	41	42.47		23 91
6	10	12.46	20	26 56	24	40 94	54	30.34		16.65
7	10	14.58	20	47.48	32	60.16	62	48.72		15.97
8	10	30.72	16	55 87	»	»	26	46.20		29.62
9	10	19.45	20	44.34	18	58.91	48	44.62		23 89
10	10	19.39	20	45.28	19	59.31	49	45.44		23.62
11	10	24.36	20	51.26	8	72.29	38	48.61		36.89
12	10	17.43	20	40.47	31	48 63	61	40.84		25.27
13	10	18.82	20	38.35	20	60 72	50	36.16		19 54
Maximum								53.12		
Minimum								30.34		
Moyenne							51 32	41.93		

| SEIN GAUCHE | | | | | | | | TOTALITÉ de la traite | | INTERVALLE de la |
| 1er Prélèv | | 2e Prélèv | | 3e Prélèv | | TOTALITÉ | | | | dernière tétée à la traite. |
Vol.	Mat. grasse.	Vol.	Mat. grasse.	Vol.	Mat. grasse.	Vol.	Mat. grasse.	Vol.	Mat. grasse.	
10	24.53	20	46 35	8	71.24	38	45.85	99	50.32	2 heures
10	18.27	20	43.88	10	68.49	40	43.63	92	46.45	2 1/2
10	28.32	22	54.64	»	»	32	46.22	93	43.24	2 1/2
10	29.65	24	57.43	»	»	31	49.26	78	46.04	2
10	16.88	20	39.51	12	69.32	42	42.64	92	35.98	2
10	31.73	20	55 28	8	73.46	38	52.91	100	47 38	2 1/2
10	29.42	16	48.01	»	»	26	40.86	91	41.96	2
10	32.86	18	50.88	»	»	28	44 45	50	46.12	1 1/2
10	16.73	20	35.10	12	66.61	42	39.73	104	37.57	2 1/2
10	26.45	24	48.64	»	»	31	42.12	68	48.69	1 1/2
10	19.12	23	35.31	»	»	33	30.41	80	31 62	2
10	12.88	20	20.40	10	61.48	40	28.64	94	29.64	2
10	22.56	20	37.74	6	75.25	36	39.78	104	36.11	2 1/2
10	34.44	19	53.07	»	»	29	46.65	85	45.30	2
10	35.71	21	57 23	»	»	31	50.29	70	43.63	1 1/2
10	32.17	16	48.32	»	»	26	42.11	78	45.09	2
10	29.41	22	57.04	»	»	32	48.41	73	45.13	1 1/2
10	20.85	24	43.24	»	»	34	36.66	88	32.78	2
10	17.36	20	44.28	12	69.19	42	44.99	104	47.21	2
10	28.52	15	46 75	»	»	255	39.46	51	42.90	1 1/2
10	28.34	10	57.92	»	»	20	38.13	68	42.71	1 1/2
10	27.85	22	48.60	»	»	32	42.12	81	44 12	2
10	39.42	8	60.12	»	»	18	48.62	56	48.61	1
10	32.12	20	50.55	12	72.27	42	52.37	103	45.54	2 1/2
10	20 26	21	40.17	»	»	31	31.32	84	35.41	2
. . .	. . .	. . .	. . .	. . .	. . .		52 91	. . .	Maximum.	
. . .	. . .	. . .	. . .	. . .	. . .		28.64	. . .	Minimum.	
. . .	. . .	. . .	. . .	. . .	3 .12		43.07	. . .	Moyenne.	

FIG. IV. — LAIT DE FEMME (*Observation 1*).

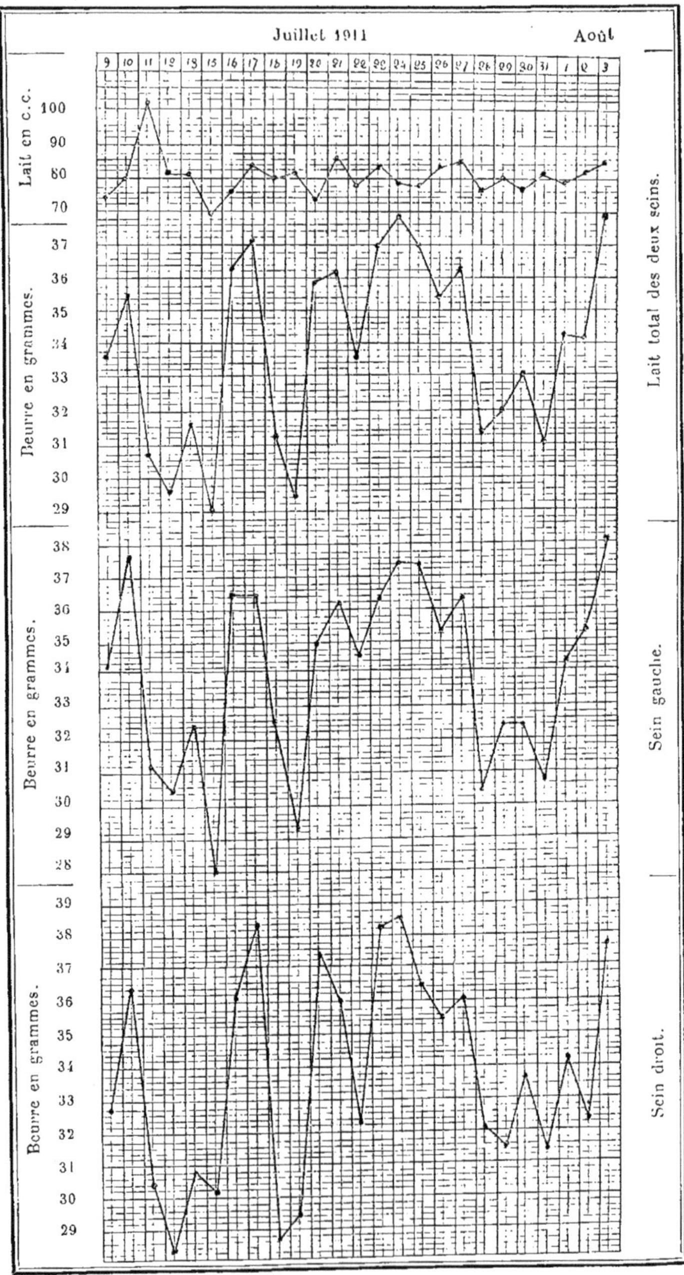

Fig. V.— LAIT DE FEMME (*Observation II*).

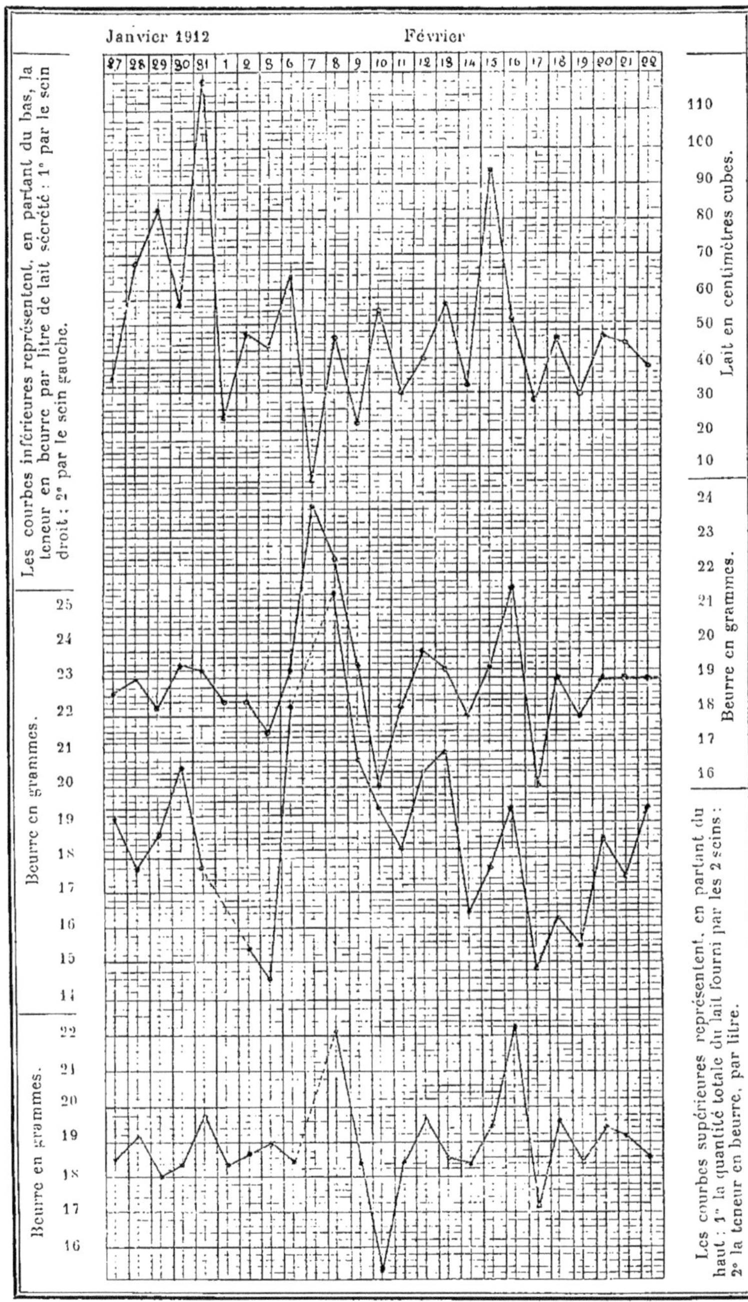

Fig. VI. — LAIT DE FEMME (*Observation III*).

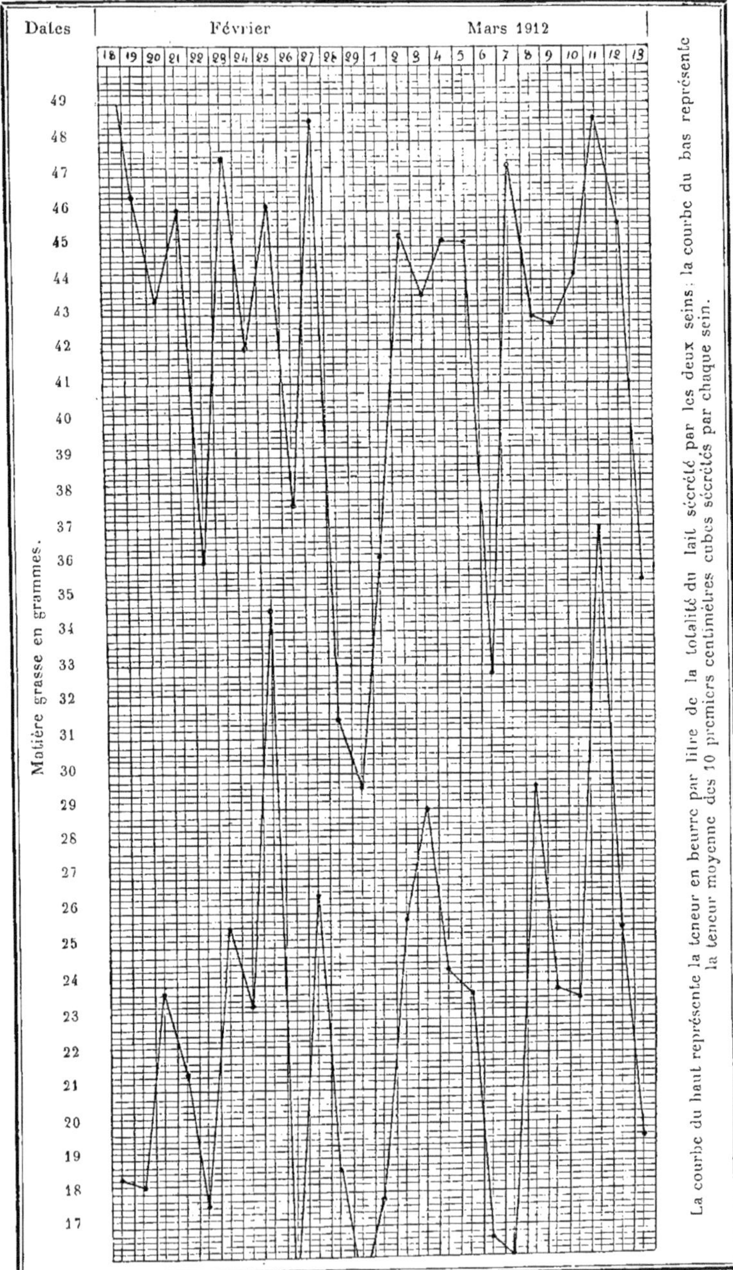

CHAPITRE III

Variations pendant la tétée.

Tous les auteurs sont d'accord pour reconnaître que le lait du début de la tétée est bien moins riche en beurre que celui de la fin. Planchu et Rendu (1) sur dix-sept observations ont trouvé que, dans deux cas, le lait du début a été une fois et demie à deux fois moins chargé en beurre que celui de la fin; dans un autre, il l'a été 8 fois moins (13 gr. 21 et 111 grammes), en moyenne, il l'a été 2, 47 fois moins.

Dans mes expériences, j'ai vu le lait passer de 8 gr. 02 à 38 gr. 23 (obs. II, 29 janvier), de 7 gr. 37 à 36 gr. 43 (obs. II, 30 janvier), de 9 gr. 38 à 25 gr. 12 (obs. II, 10 février), de 22 gr. 56 à 75 gr. 25 (obs. III, 1er mars, sein gauche), de 17 gr. 36 à 69 gr. 19 (obs. III, 7 mars, sein gauche), de 12 gr. 34 à 61 gr. 08 (obs. III, 18 février, sein droit).

Le maximum a été de 75 gr. 25 à la fin de la tétée et le minimum de 7 gr. 37 au début.

Je me suis demandé si la teneur en beurre suivait une progression toujours identique, pour chaque sujet, du début à la fin de la traite, et pour m'en assurer j'ai tracé le schéma graphique des traites fractionnées (obs. II). (Fig. VII).

Les abscisses sont proportionnelles au poids de matière grasse par litre. Les ordonnées sont calculées de telle

---

(1) Planchu et Rendu, *loco cit.*, page 594.

sorte que, pour chaque schéma, les longueurs représentant le volume total de chaque traite, quel que soit ce volume, soient égales. Si la progression de la teneur en beurre suivait une marche identique du début à la fin de la traite, les schémas des laits de même teneur moyenne en matière grasse seraient superposables dans leur ensemble. On voit qu'il n'en est rien. Cette progression est aussi capricieuse que la composition elle-même du lait.

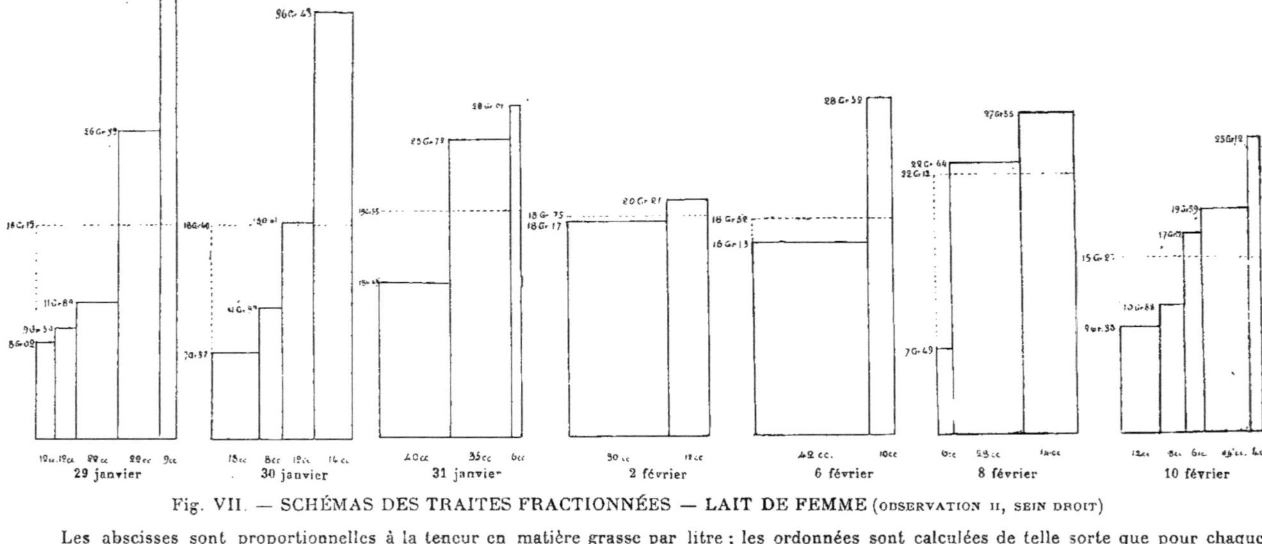

Fig. VII. — SCHÉMAS DES TRAITES FRACTIONNÉES — LAIT DE FEMME (OBSERVATION II, SEIN DROIT)

Les abscisses sont proportionnelles à la teneur en matière grasse par litre ; les ordonnées sont calculées de telle sorte que pour chaque schéma, les longueurs représentant le volume total de chaque traite soient égales.

CHAPITRE IV

Influence de l'inégalité des seins.

Variot et Lassablière (1) après Gerson (2) ont attiré l'attention sur les variations de sécrétion du lait en rapport avec l'inégalité du volume des seins. Ces variations portent aussi bien sur le volume que sur la composition du lait sécrété. D'après ces auteurs, le beurre augmente dans le sein le plus petit.

Guiraud (3) fait observer que le volume des seins n'est pas toujours en rapport avec le développement de la glande mammaire et que certaines femmes ont des seins énormes qui ne fournissent que des quantités très minimes de lait.

Il a constaté, entre le lait des deux seins, des différences parfois assez marquées en beurre.

Il donne les chiffres suivants :

D., 36 gr. 10   G., 35 gr. 20   D., 40 gr.   G., 28 gr. 20
D., 28 gr. 10   G., 33 gr. 10   D., 29 gr. 30   G., 15 gr. 50

Dans l'observation II, le sein gauche n'a donné en moyenne que 11 cc. 3 de lait dont la teneur en matière

---

(1) C. R., Académie des sciences, 1908 ; LASSABLIÈRE, *Obstétrique*, 1910, page 337.

(2) GERSON, Thèse, Paris, 1891-92, n° 155.

(3) GUIRAUD, *loco cit.*

grasse n'est que de 18 gr. 66, alors que le sein droit, dont la moyenne du volume sécrété est de 38 cc. 33, donne une moyenne de beurre de 19 gr. 57.

Au contraire, le lait fourni par le sein gauche de l'observation III d'un volume moyen de 33 cc. 12 contient 43 gr. 07 de beurre en moyenne, tandis que le sein droit, qui a sécrété un volume moyen de 51 cc. 32, n'a donné qu'une moyenne de 41 gr. 93 de matière grasse.

Ces variations expliquent pourquoi les conclusions de différents auteurs sont souvent contradictoires. Il apparaît nettement qu'il n'est pas possible d'affirmer que certains facteurs ont une influence déterminée et dans un sens toujours identique sur la composition du lait.

Il n'est rien moins que prouvé, en effet, que la teneur en matière grasse est inversement proportionnelle au volume de la sécrétion lactée, ni que le lait du matin soit plus riche que celui du soir, ni que le plus petit des deux seins soit celui qui donne le lait le plus riche en beurre.

Un seul fait reste démontré : c'est que le lait du début de la tétée est toujours beaucoup plus pauvre en matière grasse que celui de la fin, sans qu'il soit possible d'établir de façon bien définitive la marche de cette progression.

TROISIÈME PARTIE
LAIT DE VACHE

CHAPITRE PREMIER
Variations journalières.

De l'importance de ces variations en matière d'expertise.

Les variations qui présentent le plus d'importance au point de vue de l'expertise, sont celles qui se produisent à quelques jours de distance ou même d'un jour à l'autre.

Jusqu'à ces derniers temps, il était généralement admis que, toutes conditions égales, un même animal fournissait, à 24 heures d'intervalle, 'des laits de composition sensiblement identique. Dans la recherche de la fraude, les méthodes des experts reposent sur ce principe. Lorsqu'un chimiste est appelé à examiner un lait de vache suspect, il fait prélever à l'étable, toutes les fois que cela est possible, un échantillon de lait provenant d'une traite correspondant à celle qui a fourni l'échantillon saisi. Ce prélèvement est effectué dans les vingt-quatre heures qui suivent la saisie du lait incriminé. Afin de s'entourer de toutes garanties de nature à assurer l'authenticité du lait témoin, l'opérateur chargé du prélèvement assiste, dès le début, à la traite des animaux et s'assure qu'elle est faite à fond. Il vérifie la propreté des ustensiles utilisés pour la traite. Il s'informe si rien d'anormal n'est survenu qui soit susceptible de modifier la quantité ou la composition du lait soumis à l'expertise. Toutes ces précautions sont prises pour éviter qu'aucune des nombreuses causes connues, capables d'agir sur la composition du lait, n'ait eu le temps d'intervenir.

L'expert compare les résultats de l'analyse des deux échantillons et en tire ses conclusions. Si les deux laits sont de compositions différentes, il conclut à telle ou telle fraude suivant la nature des écarts, et il détermine, généralement, de façon précise, l'importance de la falsification.

Pour conclure avec une telle précision, il faudrait être certain que, normalement, les deux échantillons sont comparables.

C'est l'avis de certains chimistes, qui ont même donné des formules mathématiques, plus ou moins compliquées, permettant de déterminer à la fois l'écrémage et le mouillage. Cependant, des travaux récents, très peu nombreux encore, semblent démontrer que cette opinion, soutenable à l'extrême rigueur lorsqu'il s'agit du lait provenant d'un troupeau, n'est plus admissible lorsqu'on se trouve en présence du lait d'une seule vache.

D'après J. Eury (1), à 24 heures d'intervalle les variations peuvent atteindre :

Pour le beurre	14.6 %
Pour la lactose	6.6 %
Pour la caséine	4 5 %
Pour l'extrait.	7.11 %
Pour les cendres	9.7 %

En 1905, Touchard et Bonnetat (2) publièrent dans l'*Industrie laitière* un travail très intéressant et très consciencieux sur ce même sujet. Dans leurs expériences, les vaches nourries à l'étable furent maintenues dans des conditions aussi identiques que possible, et l'alimentation

---

(1) J. Eury, Rapport déposé au tribunal de La Rochelle, 1903.
(2) *Journal Industrie laitière*, 1905, nº 2, page 17.

resta rigoureusement la même. Ces chimistes observèrent alors des variations importantes, qui, chez une vache, atteignirent pour la matière grasse trente-trois pour cent (33 %).

		Beurre
Traite du matin	9 mars.	48 gr.
—	10 mars.	32 gr.
—	12 mars.	51 gr.
—	13 mars.	34 gr.

Ils conclurent :

« En parcourant les résultats obtenus, nous voyons chez certains sujets des variations énormes, atteignant jusqu'au quart de la matière grasse totale.

« Cette variation atteint même le tiers.

« Si la traite du matin 10 mars (vache D) avait été soupçonnée, et si le lendemain matin la traite avait été faite devant témoins, le propriétaire de la vache aurait pu être poursuivi pour écrémage...

...« En dehors de toute considération d'alimentation, de genre de vie, d'état de l'atmosphère, nous avons vu que chez certains sujets les variations pouvaient atteindre un tiers (33 %) du jour au lendemain. Il y a donc un facteur qui a une très grande influence sur la teneur des laits en matière grasse, ce facteur est la sensibilité spéciale de l'animal, son état psychologique, état bien difficile à connaître ; dans tous les cas, rien ne nous a paru le trahir dans la manière d'être et de vivre de nos animaux...

« La tâche de l'expert devient donc bien difficile. Beaucoup de chimistes ont voulu fixer l'écrémage avec une grande précision ; les chiffres publiés ci-dessus montrent, au contraire, que l'on est tenu d'observer une grande tolérance. »

Ces travaux méritaient d'être pris en considération, cependant la plupart des experts continuèrent à comparer mathématiquement les laits incriminés aux laits témoins prélevés à l'étable 24 heures après.

Quelques chimistes, tout en admettant l'importance des variations signalées par MM. Touchard et Bonnétat, firent remarquer que, si au lieu de comparer 2 traites correspondantes à 24 heures d'intervalle, on examinait la richesse moyenne du lait de 2 journées consécutives, les variations étaient beaucoup moins importantes et, dans les expériences de MM. Touchard et Bonnétat, n'atteignaient plus que 12 %. Lorsque l'expert se trouvait en présence non plus du lait d'une seule traite, mais du mélange de 2 ou 3 traites de la même journée, la tolérance de la variation se trouvait donc limitée à 12 %.

Ces chimistes disaient, en effet, que les variations de 2 journées consécutives ne se faisaient pas toujours dans le même sens, ce qui diminuait l'importance de la variation journalière.

Les résultats du concours beurrier de Rouen en 1907, démontrent que cette assertion est absolument erronée.

Ce concours organisé par la Société centrale d'Agriculture de la Seine-Inférieure, a réuni 89 vaches de provenance et de races diverses. Ces animaux arrivèrent le jeudi avant midi, une traite préparatoire eut lieu à 6 heures et n'intervint pas dans le concours.

Le vendredi et le samedi, les vaches furent traites 3 fois par jour; le lait pesé et analysé à chaque traite. De plus, le lait de chaque vache fut mis à part et converti en beurre dont la pesée vint contrôler les résultats des analyses. En comparant pour chaque animal chacune des traites du samedi avec la traite correspondante du vendredi on voit que tantôt la matière grasse a augmenté, tantôt elle a diminué. Si bien qu'il est impossible de tirer aucune loi de ces variations.

Le laboratoire était dirigé par MM. René Berge, ingénieur des mines, et Houzeau, directeur de la station agronomique de la Seine-Inférieure, assistés de M. Maze, chef de laboratoire à l'Institut Pasteur, de M. Ruot, préparateur à l'Institut Pasteur, de M. Mamelle, maître de conférences de chimie analytique à l'Ecole nationale d'Agriculture de Grignon, de M. Carne, chimiste expert au laboratoire municipal de Paris, et de MM. Rosset et Marais, chimistes à la station agronomique de la Seine-Inférieure. On ne saurait trouver des hommes plus compétents en la matière.

On peut objecter que les vaches ayant été déplacées de leur milieu habituel, ne se trouvaient pas dans des conditions normales. L'objection a sa valeur, mais le point sur lequel je veux appeler l'attention, ce n'est pas tant la valeur absolue des variations sur la matière grasse, qui ont atteint jusqu'à 70 %, que le sens dans lequel elles se sont produites.

Il était intéressant de compléter cette étude sur les variations journalières du lait de vache en se plaçant dans des conditions telles que les causes connues de variation dans la composition du lait soient autant que possible écartées.

Je commençai ces recherches en septembre 1905 sur les vaches de l'étable de l'hôpital Saint-Louis, fort aimablement mises à ma disposition par la commission administrative.

Prélèvement du lait.

Les vaches ont été traites en ma présence deux fois par jour, à 5 heures du matin et à 5 heures du soir.

Le lait de chaque animal fut recueilli séparément, mélangé avec soin et pesé. Je prélevai ensuite un échantillon de 250 cc. dans des flacons étiquetés. Les analyses furent toujours mises en train le jour même de la prise de l'échantillon de façon à opérer sur des liquides bien homogènes.

J'ai décrit précédemment les méthodes d'analyse que j'ai suivies. Dans la seconde série de mes expériences à dater de 1910, tous les échantillons de lait de vache ont été examinés au galacthydromètre de J.-M. et P. Perrin. Pour tous les échantillons sans exception, quelle que soit leur richesse en matière grasse, — et la suite de ce travail montrera que j'ai observé des variations considérables du beurre — l'appareil m'a indiqué : lait pur.

LAIT DE VACHE. — OBSERVATION I

JOURNÉES DES 13, 14, 15, 16 ET 17 SEPTEMBRE 1905

Traite du matin.

DATES	Poids de la traite.	Extrait sec	Matière grasse.	Lactose.	Caséine.	Cendres.	Extrait sec dégraissé.
			Vache A				
13.	6.550	136.4	41.65	47.90	37.11	7.42	94.75
14	6.100	120.9	29.23	43.18	39.05	7.61	91.67
15	5.550	136.2	40.02	45.40	40.29	7.76	96.18
16	5.200	136.3	38.31	45.70	42.10	7.35	97.99
17	5.800	131.5	36.42	46.60	37.42	7.94	95.08
			Vache B				
13	4.150	141.8	40.96	46.34	43.26	8.14	100.8_4
14	3.850	131.2	32.92	45.40	41.94	8.33	98.2_8
15	3.100	143.5	45.78	46.96	42.38	8.01	97.7_2
16	3.650	141.2	40.50	46.63	44.86	7.95	101.7_0
17	4.200	133.7	38.41	45.20	39.53	8.22	95.2_9
			Vache C				
13	5.200	141.3	40.23	47.41	43.11	8.21	101.0_7
14	5.100	130.4	31.18	46.62	43.32	8.02	99.2_2
15	4.250	140.1	39.31	46.90	43.12	8.23	100.7_9
16	5.150	142.2	41.62	47.78	42.60	8.64	100.5_8
17	4.650	134.1	38.44	45.98	39.48	7.95	95.6_6
			Vache D				
13	3.100	146.1	50.64	44.34	40.84	7.64	95.46
14	2.800	130.7	33.09	47.29	39.94	7.37	97.61
15	2.650	142.6	47.55	47.36	38.59	6.53	95.05
16	2.750	127.5	32.62	46.48	38.13	7.66	94.88
17	2.950	136.4	41.24	45.17	40.43	6.92	95.16
			Lait total des 4 vaches.				
13	19.000	145.8	47.86	»	»	»	97.94
14	17.850	127.4	31.18	»	»	»	96.22
15	15.550	139.7	42.25	»	»	»	97.45
16	16.750	137.7	38.87	»	»	»	98.83
17	17.600	133.8	38.86	»	»	»	94.94

LAIT DE VACHE. — Observation I

JOURNÉES DES 13, 14, 15, 16 et 17 SEPTEMBRE 1905

Traite du soir.

DATES	Poids de la traite.	Extrait sec.	Matière grasse.	Lactose.	Caséine.	Cendres.	Extrait sec dégraissé.
			Vache A				
13	5.450	142.3	44.56	45.42	40.54	7.44	97.74
14	4.600	136.7	39.78	48.25	38.20	7.22	96.92
15	5.350	141.4	43.26	47.38	41.39	6.96	98.14
16	4.200	138.1	42.14	44.28	42.36	7.05	95.96
17	4.800	139.2	38.37	46.25	43.94	7.13	100.83
			Vache B				
13	3.800	139.2	42.24	51.12	35.48	8.02	96.96
14	3.050	140.40	45.52	49.45	34.34	8.64	94.88
15	3.250	141.6	48.35	47.31	34.86	8.23	93.25
16	3.400	142.4	46.61	48.60	36.87	7.56	95.79
17	3.850	140.7	47.48	46.33	36.85	7.41	93.22
			Vache C				
13	4.550	142.3	47.12	47.31	38.45	6.99	95.18
14	4.600	150.4	56.26	48.41	35.77	7.12	94.14
15	4.150	141.6	49.31	45.26	37.77	6.84	92.29
16	4.450	133.6	37.10	48.28	38.58	7.24	96.50
17	3.800	138.2	41.43	49.34	37.64	7.16	96.77
			Vache D				
13	2.550	150.9	56.62	47.18	37.78	8.61	94.28
14	3.150	143.3	44.53	49.21	37.37	8.33	98.77
15	2.800	145.8	49.42	48.34	37.18	8.14	96.38
16	3.250	153.7	58.16	48.84	36.16	7.66	95.54
17	3.450	143.3	43.41	50.32	38.03	7.81	99.89
			Lait total des 4 vaches.				
13	16.350	142.9	46.61	»	»	»	96.39
14	16.000	142.7	44.01	»	»	»	98.69
15	15.550	142.2	47.04	»	»	»	95.16
16	15.300	141.0	45.07	»	»	»	95.93
17	15.900	140.2	42.40	»	»	»	97.80

VARIATIONS DE LA MATIÈRE GRASSE

Lait de vache. — Observation I

DATES	MATIÈRE GRASSE PAR LITRE		VARIATIONS		TAUX de la variation, pour 0/0.
	Traite de la veille.	Traite du jour.	Positives.	Négatives.	
Vache A					
14 matin.	41.65	29.23	»	12.42	29.82
soir.	44 56	39.78	»	4.78	10.77
15 matin.	29.23	40.02	10.79	»	26.96
soir.	39.78	43.26	3.48	»	8.05
16 matin.	40.02	38 31	»	1.71	4.27
soir.	43.26	42.14	»	1.12	3.59
17 matin.	38.31	36 42	»	1.89	4.93
soir.	42.14	38.37	»	3.77	8.95
Vache B					
14 matin.	40.96	32 92	»	8.04	19.62
soir.	42.24	45.52	»	3 28	7.21
15 matin.	32.92	45.78	12.86	»	28.09
soir.	45.52	48.35	2.83	»	5.86
16 matin	45 78	40 50	»	5.28	11.53
soir.	48.35	46.61	»	1 74	5.60
17 matin.	40.50	38.41	»	2.09	5 16
soir.	46.61	47.48	0.87	»	1.84
Vache C					
14 matin.	40.23	31.18	»	9.05	22 49
soir.	47.12	56.26	9 14	»	16 25
15 matin.	31.18	39.31	8.13	»	20.68
soir.	56.26	49.31	»	6.95	12.34
16 matin.	39.31	41.62	2.31	»	5.55
soir.	49.31	37.10	»	12.21	24.77
17 matin.	41.62	38 44	»	3.18	7.64
soir.	37.10	41.43	4.33	»	10.45
Vache D					
14 matin.	50 64	33.09	»	17.55	34.65
soir.	56.62	44.53	»	12.09	21.35
15 matin.	33.09	47.55	14.46	»	30.41
soir.	44.53	49.42	4 89	»	9.89
16 matin	47.55	32.62	»	14.93	31.39
soir.	49.42	58.16	8.74	»	15.02
17 matin.	32.62	41.24	8.62	»	20.90
soir.	58 16	43 41	»	14.75	25 36
Lait total de l'étable.					
14 matin.	47.86	31.18	»	16 68	34.85
soir.	46.61	44.01	»	2.60	5.57
15 matin.	31.18	42.25	11.07	»	26.20
soir.	44.01	47.04	3.03	»	6.44
16 matin.	42.25	38.87	»	3.36	7 95
soir.	47.04	45.07	»	1.97	4.18
17 matin.	38.87	38 86	»	0.01	
soir.	45.07	42.40	»	2.67	5.92

OBSERVATION I.

Les 13, 14, 15, 16 et 17 septembre 1905, j'assistai à la traite du matin et du soir à l'étable de l'hospice Saint-Louis. Les animaux recevaient le matin une nourriture verte et le soir une nourriture sèche. J'ai groupé dans les tableaux précédents les résultats donnés par les analyses du lait de quatre vaches.

La vache A, « Jolie », de race normande, est âgée de 9 ans, son veau est né en mai 1905.

La vache B, « La Vieille » de race maraîchine, est âgée de 12 ans, son veau est né en décembre 1904.

La vache C, « Muscadine », de race Durham, est âgée de 8 ans, son veau est né en avril 1905.

La vache D, « Alouette », de race maraîchine, est âgée de 4 ans, son veau est né en février 1905.

L'étude des variations de la matière grasse nous montre que, le 15 au matin, toutes les variations ont eu lieu dans un sens positif et que le taux en fut très élevé ; il atteint 26.96 % pour la vache A ; 28.09 % pour la vache B ; 20.68 % pour la vache C ; 30.41 % pour la vache D, et 26.20 % pour toute l'étable. Si le lait de toute l'étable avait été le 14 mai au matin, soupçonné d'écrémage en raison de sa faible teneur en beurre (31 gr. 18) et qu'un prélèvement ait été fait le 15 au matin, le propriétaire de l'étable aurait pu être accusé d'avoir écrémé son lait de 25 %. Cette variation s'explique par ce fait que les vaches ont été le 13 septembre, par suite d'un ordre mal compris, conduites au pâturage et qu'elles sont restées à l'étable le 14 et les jours suivants.

Cependant, pendant la stabulation, on remarque chez la vache C une variation négative, le 16 au soir, dont le taux atteint 24.77 %, et chez la vache D, une série de variations, tantôt négatives, tantôt positives, mais toujours très importantes, allant de 10 à 31 %.

Observation II. — FAUVETTE

Vache maraîchine (6 ans). — Lait de 3 mois.

Traite du matin.

DATES		Poids.	Matière grasse.	Lactose.	Caséine.	Cendres.	Extrait sec.	Extrait dégraissé.
1910 Nov.	25	7.800	38.24	48.71	38.27	7.92	135.10	96.86
	26	8.300	36.66	»	»	»	133.91	97.25
	27	7.950	32.72	»	»	»	127.19	94.47
	28	7.900	33.38	»	»	»	128.00	94.62
Déc.	1	8.200	37.45	»	»	»	133.77	96.32
	2	8.150	37.39	49.45	39.83	7.67	136.07	98.68
	3	7.800	34.23	»	»	»	131.29	97.06
	4	7.800	38.61	»	»	»	133.15	94.54
	5	7.950	42.72	»	»	»	139.03	96.31
	6	8.100	36.18	»	»	»	133.29	97.11
	7	7.850	37.04	49.62	39.66	7.54	135.57	98.53
	8	8.200	40.18	»	»	»	138.30	98.12
	9	8.100	44.29	»	»	»	141.54	97.25
	10	7.800	39.32	»	»	»	136.60	97.28
	11	8.350	40.61	»	»	»	134.91	94.30
	12	8.350	36.40	48.34	38.25	7.46	132.63	96.23
	13	8.200	34.37	»	»	»	129.91	95.54
	14	7.950	44.28	»	»	»	139.08	94.80
	15	7.850	40.12	»	»	»	134.96	94.84
	16	7.900	39.55	»	»	»	137.27	97.72
	17	8.200	42.17	48.50	38.32	7.84	138.55	96.38
	18	7.950	38.39	»	»	»	136.14	97.75
	19	8.000	37.33	»	»	»	133.98	96.65
	20	7.950	36.62	»	»	»	132.79	96.17
	21	7.800	39.24	»	»	»	134.77	95.53
Maximum :		8.350	44.29	49.62	39.83	7.92	141.54	98.68
Minimum :		7.800	32.72	48.34	38.25	7.46	127.19	94.30
Moyenne :		8.016	38.42	48.92	38.86	7.68	134.74	96.34

Observation II. — FAUVETTE

Vache maraichine (6 ans). — Lait de 3 mois.

Traite du soir.

DATES		Poids.	Matière grasse.	Lactose.	Caséine.	Cendres.	Extrait sec.	Extrait dégraissé.
1910 Nov.	25	6.200	42.24	49.32	39.67	7.64	140.58	98.34
	26	6.200	41.35	»	»	»	137.37	96.02
	27	6.450	40.69	»	»	»	138.08	97.39
	28	6.400	44.45	»	»	»	142.30	97.85
Déc.	1	6.350	45.36	»	»	»	143.82	98.46
	2	6.200	44.04	48.59	38.18	7.82	140.37	96.33
	3	7.150	42.22	»	»	»	136.83	94.61
	4	6.450	45.18	»	»	»	142.60	97.42
	5	6.250	48.50	»	»	»	143.12	94.62
	6	6.800	42.45	»	»	»	137.84	95.39
	7	7.000	44.39	48.04	37.92	7.54	139.67	95.28
	8	6.400	45.62	»	»	»	142.01	96.39
	9	6.450	45.74	»	»	»	143.17	97.43
	10	6.650	44.18	»	»	»	142.80	98.62
	11	6.400	41.17	»	»	»	138.78	97.61
	12	6.850	42.61	49.12	38.91	7.48	140.00	97.39
	13	6.300	38.53	»	»	»	136.76	98.23
	14	6.850	47.42	»	»	»	143.59	96.17
	15	6.400	42.04	»	»	»	140.46	98.42
	16	7.000	41.00	»	»	»	138.18	97.18
	17	6.650	46.19	48.61	38.09	7.82	142.42	96.23
	18	6.400	42.25	»	»	»	138.75	96.50
	19	6.850	40.13	»	»	»	135.48	95.35
	20	6.850	42.41	»	»	»	138.60	96.19
	21	6.700	41.50	»	»	»	138.65	97.15
Maximum :		7.150	48.50	49.32	39.67	7.82	143.82	98.62
Minimum :		6.200	38.53	48.04	37.92	7.48	135.48	94.61
Moyenne :		6.568	43.42	48.63	38.45	7.66	139.11	96.69

OBSERVATION II. — BICHETTE

MARAICHINE (11 ANS). — LAIT DE 7 MOIS.

Traite du matin

DATES		Poids.	Matière grasse.	Lactose.	Caséine.	Cendres.	Extrait sec.	Extrait dégraissé.
1910								
Nov.	25	9.800	36.48	»	»	»	125.80	89.32
	26	9.750	38.38	»	»	»	126.50	88.12
	27	8.900	36.40	44.70	33.28	7.38	123.66	87.26
	28	10.250	39.39	»	»	»	128.47	89.08
Déc.	1	9.850	35.91	»	»	»	124.20	88.29
	2	8.950	36.49	»	»	»	126.60	90.11
	3	9.700	34.80	»	»	»	122.41	87.61
	4	8.900	36.00	45.04	34.12	7.41	125.04	89.04
	5	9.400	31.95	»	»	»	118.23	86.28
	6	9.250	28.37	»	»	»	117.23	88 86
	7	10.050	39.62	»	»	»	127.37	87.75
	8	10.100	38.04	»	»	»	124.62	86.58
	9	9.150	40.36	45.21	34.09	7.46	129.81	89.45
	10	9.800	36.70	»	»	»	126.82	90.12
	11	8.950	34.27	»	»	»	123.20	88.93
	12	9.350	24.24	»	»	»	111.74	87.50
	13	9.700	34.15	»	»	»	121.09	86.94
	14	9.600	31.81	44.18	33.81	7.16	119.29	87.48
	15	10.350	30.14	»	»	»	116.71	86.57
	16	9.250	27.25	»	»	»	117.16	89.91
	17	10.050	30.32	»	»	»	121.26	90.94
	18	8.800	35.65	»	»	»	123.67	88.02
	19	9.750	31.38	43.24	33.09	7.42	117.51	86.13
	20	9.900	32.41	»	»	»	119.60	87.19
	21	9.100	31.20	»	»	»	120.15	88.95
Maximum :		10.350	40.36	45.21	34.12	7.46	129.81	90.94
Minimum :		8.800	24.24	43.24	33.09	7.16	111.74	86.13
Moyenne :		9.546	33.98	44.47	33.68	7.36	122.55	88.57

OBSERVATION II. — BICHETTE

MARAICHINE (11 ANS). — LAIT DE 7 MOIS.

Traite du soir

DATES		Poids.	Matière grasse	Lactose.	Caséine.	Cendres.	Extrait sec.	Extrait dégraissé
1910								
Nov.	25	8.250	31.67	»	»	»	121.01	89.34
	26	7.600	29.12	»	»	»	119.55	90.43
	27	8.150	36.84	45.58	34.65	7.46	127.05	90.21
	28	7.400	34.69	»	»	»	123.75	89.06
Déc.	1	6.950	35.15	»	»	»	122.28	87.13
	2	8.150	28.32	»	»	»	116.82	88.50
	3	7.550	41.37	»	»	»	131.98	90.61
	4	6.800	36.01	45.55	34.21	7.38	125.69	89.68
	5	8.300	32.95	»	»	»	120.49	87.54
	6	8.150	29.90	»	»	»	116.26	86.36
	7	8.350	31.09	»	»	»	121.88	90.79
	8	7.300	27.55	»	»	»	117.59	90.04
	9	7.450	34.91	44.38	33.85	7.24	123.03	88.12
	10	7.500	38.58	»	»	»	127.82	89.24
	11	6.900	40.07	»	»	»	127.65	87.58
	12	7.250	39.65	»	»	»	125.91	86.26
	13	7.700	32.49	»	»	»	121.14	88.65
	14	8.250	36.39	43.27	33.06	7.41	122.58	86.19
	15	7.350	34.24	»	»	»	122.32	88.08
	16	8.100	29.53	»	»	»	116.53	87.00
	17	7.450	33.32	»	»	»	123.77	90.45
	18	7.550	28.85	»	»	»	118.18	89.33
	19	8.350	32.21	44.44	33.52	7.39	120.38	88.17
	20	8.100	31.86	»	»	»	121.95	90.09
	21	6.850	29.60	»	»	»	117.81	88.21
Maximum :		8.350	41.37	45.58	34.65	7.46	131.98	90.79
Minimum :		6.800	27.55	43.27	33.06	7.24	116.26	86.19
Moyenne :		7.670	33.49	44.64	33.86	7.38	122.21	88.72

Observation II. — POMPONNETTE

Vache normande (7 ans). — Lait de 2 mois.

Traite du matin.

DATES		Poids.	Matière grasse.	Lactose.	Caséine.	Cendres.	Extrait sec.	Extrait dégraissé.
1910								
Nov.	25	7.800	33.24	»	»	»	122.56	89.32
	26	8.150	32.17	46.82	33.75	7.16	122.61	90.44
	27	7.700	31.62	»	»	»	121.18	89.56
	28	8.150	38.64	»	»	»	129.02	90.38
Déc.	1	7.800	35.50	»	»	»	126.44	90.94
	2	7.850	29.42	»	»	»	119.98	90.56
	3	7.950	33.61	46.67	33.59	7.32	123.84	90.23
	4	7.900	36.07	»	»	»	125.33	89.26
	5	8.250	40.35	»	»	»	133.03	92.68
	6	8.150	38.22	»	»	»	128.89	90.67
	7	7.800	40.69	»	»	»	131.81	91.12
	8	7.900	31.43	46.90	33.61	7.28	122.07	90.64
	9	7.950	35.44	»	»	»	124.94	89.50
	10	7.700	37.98	»	»	»	128.68	90.70
	11	7.850	36.57	»	»	»	127.61	91.04
	12	8.150	31.23	»	»	»	122.14	90.91
	13	7.750	29.15	47.94	33.62	7.45	120.11	90.96
	14	7.900	37.87	»	»	»	128.24	91.37
	15	8.150	38.34	»	»	»	129.72	91.38
	16	8.250	41.40	»	»	»	131.86	90.46
	17	7.800	39.71	»	»	»	129.26	89.55
	18	8.150	42.18	47.27	33.50	7.39	133.38	91.20
	19	7.750	38.26	»	»	»	128.66	90.40
	20	8.100	35.62	»	»	»	125.65	90.03
	21	7.950	36.54	»	»	»	126.54	90.00
Maximum :		8.250	42.18	47.94	33.75	7.45	133.38	92.68
Minimum :		7.700	29.15	46.67	33.50	7.16	119.98	89.26
Moyenne :		7.954	35.99	47.12	33.61	7.32	126.00	91.01

OBSERVATION II. — POMPONNETTE

VACHE NORMANDE (7 ANS). — LAIT DE 2 MOIS.

Traite du soir.

DATES		Poids.	Matière grasse.	Lactose.	Caséine.	Cendres.	Extrait sec.	Extrait dégraissé.
1910								
Nov.	25	6.150	35.52	»	»	»	125.58	90.06
	26	5.800	33.44	46.28	33.15	7.24	122.82	89.38
	27	6.350	34.47	»	»	»	125.97	91.50
	28	5.850	39.91	»	»	»	130.56	90.65
Déc.	1	6.250	36.26	»	»	»	126.33	90.07
	2	6.200	34.40	»	»	»	126.08	91.68
	3	6.300	37.32	46.40	33.19	7.31	127.22	89.90
	4	6.200	38.08	»	»	»	130.99	92.91
	5	6.150	39.63	»	»	»	129.67	90.04
	6	5.950	39.32	»	»	»	131.26	91.94
	7	6.400	42.09	»	»	»	131.51	89.42
	8	6.350	37.55	47.08	33.42	7.20	128.23	90.68
	9	6.400	38.60	»	»	»	129.97	91.37
	10	6.200	39.46	»	»	»	129.72	90.26
	11	6.150	39.44	»	»	»	130.72	91.28
	12	5.850	37.93	»	»	»	128.04	90.11
	13	6.400	33.35	46.35	33.16	7.38	122.93	89.58
	14	6.400	42.23	»	»	»	134.52	92.29
	15	6.350	43.58	»	»	»	133.60	90.02
	16	6.150	42.68	»	»	»	133.13	90.45
	17	6.050	41.07	»	»	»	132.82	91.75
	18	5.900	43.90	47.19	33.27	7.41	134.38	90.48
	19	6.250	40.04	»	»	»	130.12	90.08
	20	6.100	39.52	»	»	»	131.29	91.77
	21	5.950	38.32	»	»	»	130.93	92.61
Maximum :		6.400	43.58	47.19	33.42	7.41	134.52	92.91
Minimum :		5.800	33.35	46.28	33.15	7.20	122.82	89.38
Moyenne :		6.164	38.78	46.66	33.24	7.30	128.66	91.29

OBSERVATION II. — BIJOU

DURHAM-NORMANDE (12 ANS). — LAIT DE 8 MOIS.

Traite du matin

DATES		Poids.	Matière grasse.	Lactose.	Caséine.	Cendres.	Extrait sec.	Extrait dégraissé.
1910								
Nov.	25	3.650	44.55	»	»	»	140.92	96.37
	26	4.100	42.17	»	»	»	136.45	94.28
	27	3.750	38.24	»	»	»	136.64	98.40
	28	4.500	40.31	47.26	38.80	8.10	136.56	96.25
Déc.	1	3.450	41.08	»	»	»	137.48	96.40
	2	2.950	37.44	»	»	»	135.76	98.32
	3	4.200	42.09	»	»	»	138.18	96.09
	4	3.650	34.10	»	»	»	130.76	96.66
	5	3.450	48.24	48.34	39.12	7.96	146.01	97.77
	6	3.350	49.26	»	»	»	147.83	98.57
	7	3.700	46.64	»	»	»	145.29	98.65
	8	4.000	50.53	»	»	»	147.39	96.86
	9	3.500	45.85	»	»	»	143.06	97.21
	10	3.850	48.43	48.28	39.21	7.88	145.65	97.22
	11	3.450	44.82	»	»	»	141.61	96.79
	12	2.800	44.40	»	»	»	142.84	98.44
	13	4.050	40.39	»	»	»	138.21	97.82
	14	3.900	39.63	»	»	»	136.48	96.85
	15	3.650	48.53	48.01	39.16	7.90	145.90	97.37
	16	3.500	46.65	»	»	»	144.86	98.21
	17	3.800	45.27	»	»	»	139.46	94.19
	18	4.150	47.14	»	»	»	143.54	96.40
	19	3.750	41.50	»	»	»	136.85	95.35
	20	2.950	49.19	48.91	39.32	7.84	147.27	98.08
	21	3.500	38.26	»	»	»	134.38	96.12
Maximum :		4.500	50.53	48.91	39.32	8.10	147.83	98.65
Minimum :		2.800	34.10	47.26	38.80	7.84	130.76	94.19
Moyenne :		3.676	43.65	48.16	39.12	7.93	140.51	96.88

Observation II. — BIJOU

Durham-normande (12 ans) — Lait de 8 mois.

Traite du soir.

DATES		Poids.	Matière grasse.	Lactose.	Caséine.	Cendres	Extrait sec.	Extrait dégraissé.
1910								
Nov.	25	2.700	45.12	»	»	»	141.31	96.19
	26	2.650	44.56	»	»	»	143.24	98.68
	27	2.900	40.08	»	»	»	136.46	96.36
	28	3.150	44.37	48.51	39.09	8.02	142.33	97.96
Déc.	1	2.550	44.26	»	»	»	143.11	98.85
	2	2.650	39.74	»	»	»	139.13	99.39
	3	3.000	46.64	»	»	»	144.86	98.22
	4	2.400	41.95	»	»	»	138.21	97.26
	5	2.800	49.26	47.28	38.76	7.99	145.45	96.19
	6	2.950	47.70	»	»	»	146.54	98.84
	7	2.750	50.64	»	»	»	147.84	97.20
	8	3.000	48.10	»	»	»	147.12	99.02
	9	2.450	49.48	»	»	»	147.48	98.00
	10	2.600	51.09	47.42	38.81	7.96	147.49	96.40
	11	2.450	46.53	»	»	»	141.02	97.49
	12	2.800	45.96	»	»	»	144.00	98.04
	13	3.150	42.15	»	»	»	141.31	99.16
	14	2.950	40.02	»	»	»	136.72	96.70
	15	2.500	48.90	48.39	39.12	7.81	146.86	97.96
	16	3.250	47.17	»	»	»	145.61	98.44
	17	2.850	49.79	»	»	»	146.21	96.41
	18	2.750	51.18	»	»	»	148.01	96.83
	19	2.500	46.66	»	»	»	145.58	98.92
	20	2.900	45.50	48.92	39.48	7.90	143.79	98.29
	21	3.050	39.44	»	»	»	136.66	97.22
Maximum :		3.250	51.18	48.92	39.48	8.02	148.01	99.39
Minimum :		2.400	39.44	47.28	38.76	7.81	136.46	96.19
Moyenne :		2.788	45.94	48.10	39.05	7.93	143.16	97.82

OBSERVATION II.

Dans la seconde observation, les résultats sont donnés par tableaux distincts pour chaque vache et pour chaque traite.

L'examen des courbes que donne la teneur en matière grasse, matin et soir, montre combien est capricieuse la composition du lait.

Pour la vache « Fauvette » (*Fig. VIII*), jusqu'au 3 décembre, le lait du soir, plus riche que celui du matin, suit une courbe assez régulière. Du 3 au 5, la teneur en beurre s'accroît de façon continue ; le 6 au matin se produit une chute de 12 gr. 32 par rapport au lait du soir et de 6 gr. 54 par rapport à celui du matin précédent ; du 13 au 14, il y a par contre le matin et le soir une augmentation de 10 gr.

La vache « Bichette » (*Fig. IX*), nous donne, pour les traites du soir du 2 au 3 décembre, une augmentation de beurre de 13 gr. 05, soit 31.54 %; le 12 décembre, du matin au soir, la teneur en matière grasse augmente de 15 gr. 41, soit 38.86 %.

Pour « Pomponnette » (*Fig. X*), la plus grande variation se fait sentir du 7 au 8 décembre (traite du matin), le beurre diminue de 9 gr. 36 (22.94 %). Du 13 au matin au 14 au soir, la matière grasse augmente de 14 gr. 08.

« Bijou » (*Fig. XI*), nous présente la courbe la plus capricieuse : du 4 au 5 décembre, la matière grasse augmente à la traite du matin de 14 gr. 14 (29.31 %).

Ces résultats démontrent donc qu'en dehors des causes connues et fréquemment étudiées qui peuvent faire varier la composition du lait, il en est d'autres qui échappent à l'examen et qui cependant peuvent avoir une grande influence sur la teneur en matière grasse.

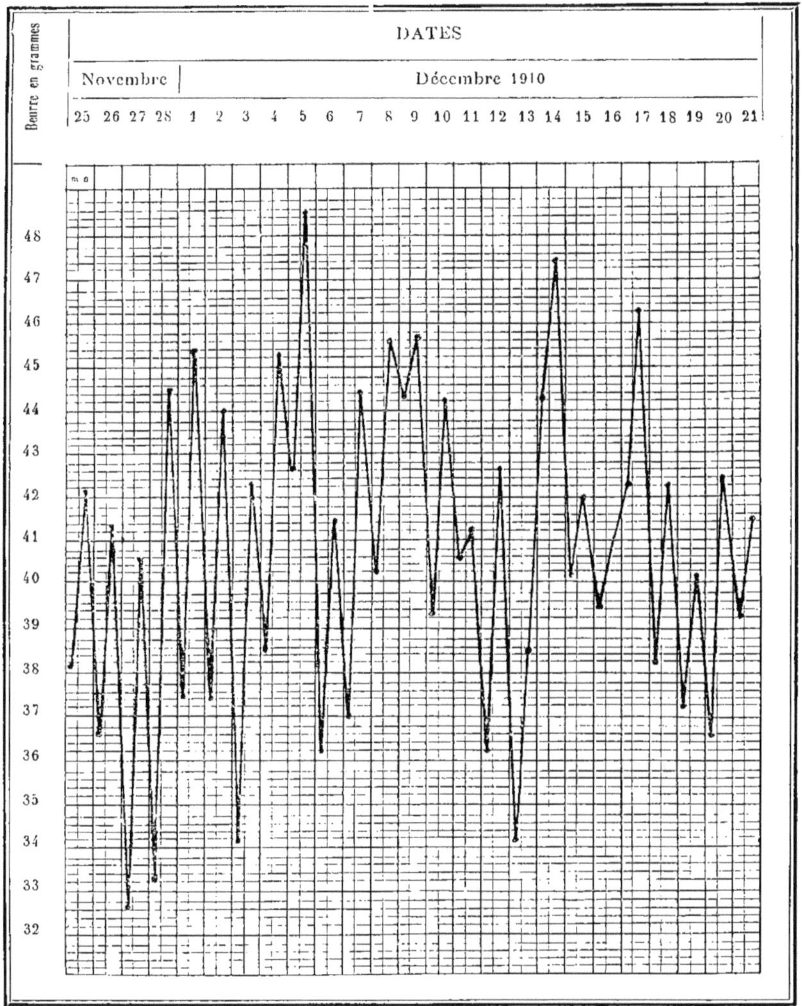

Fig. VIII. — FAUVETTE, vache maraichine.

Courbe de la teneur en matière grasse du lait sécrété, matin et soir, du 25 au 28 novembre et du 1er au 21 décembre 1910.

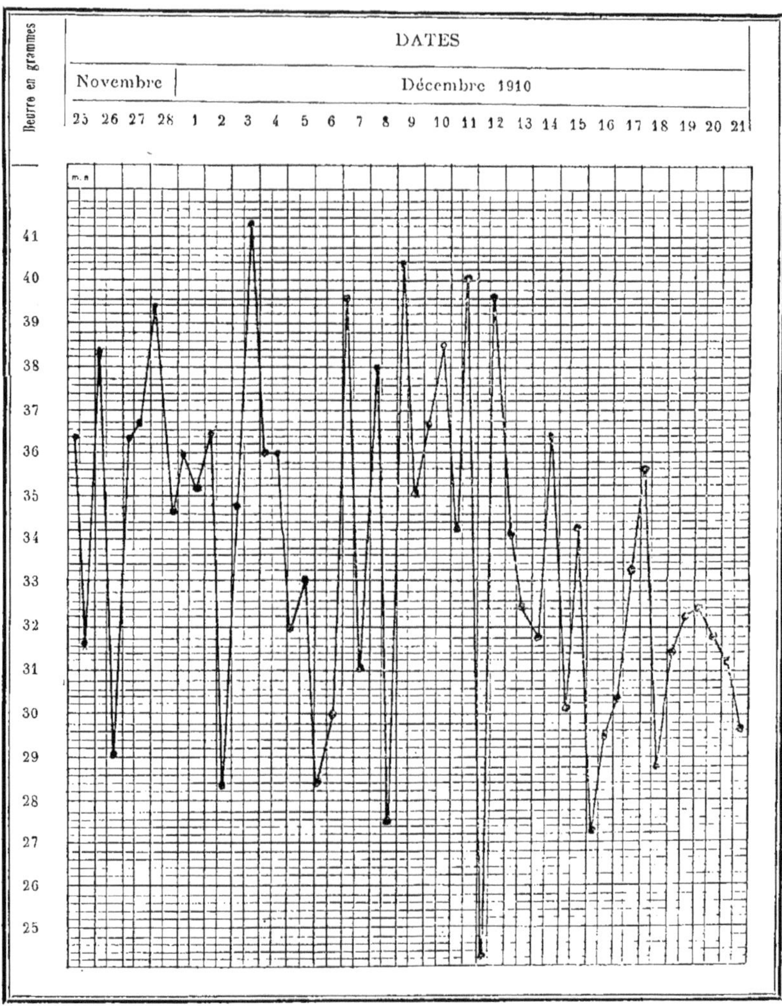

Fig. IX. — BICHETTE, vache maraîchine.

Courbe de la teneur en matière grasse du lait sécrété, matin et soir, du 25 au 28 novembre et du 1ᵉʳ au 21 décembre 1910.

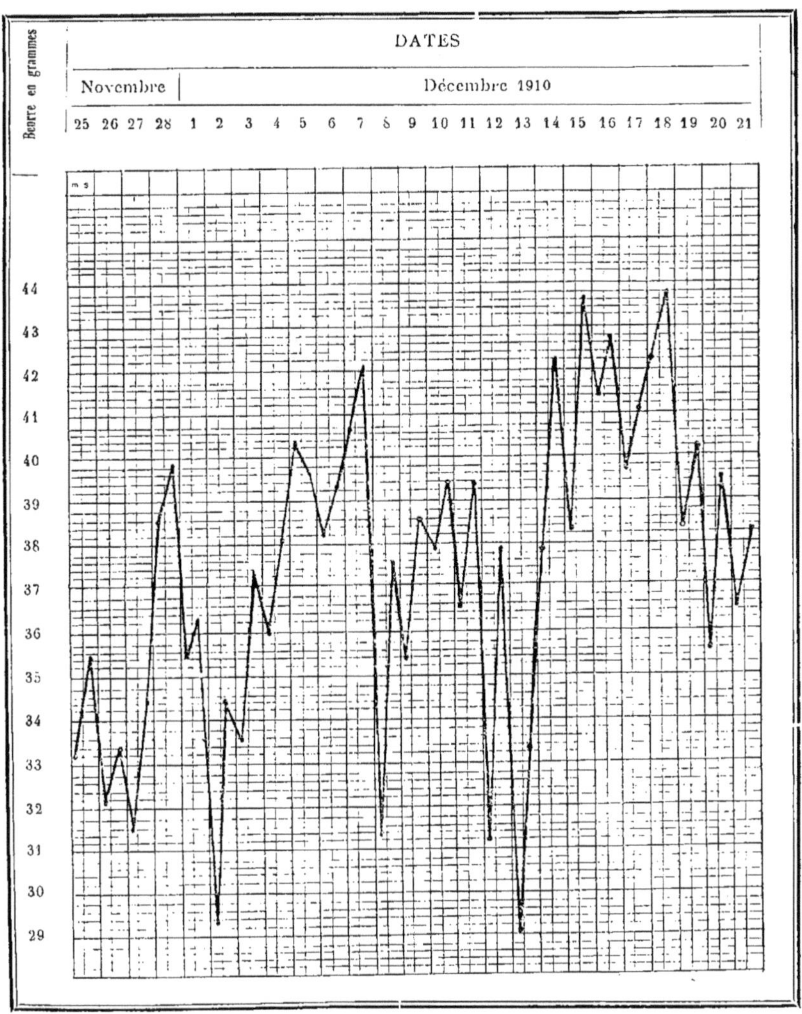

Fig. X. — POMPONNETTE. VACHE NORMANDE.

Courbe de la teneur en matière grasse du lait sécrété, matin et soir, du 25 au 28 novembre et du 1er au 21 décembre 1910.

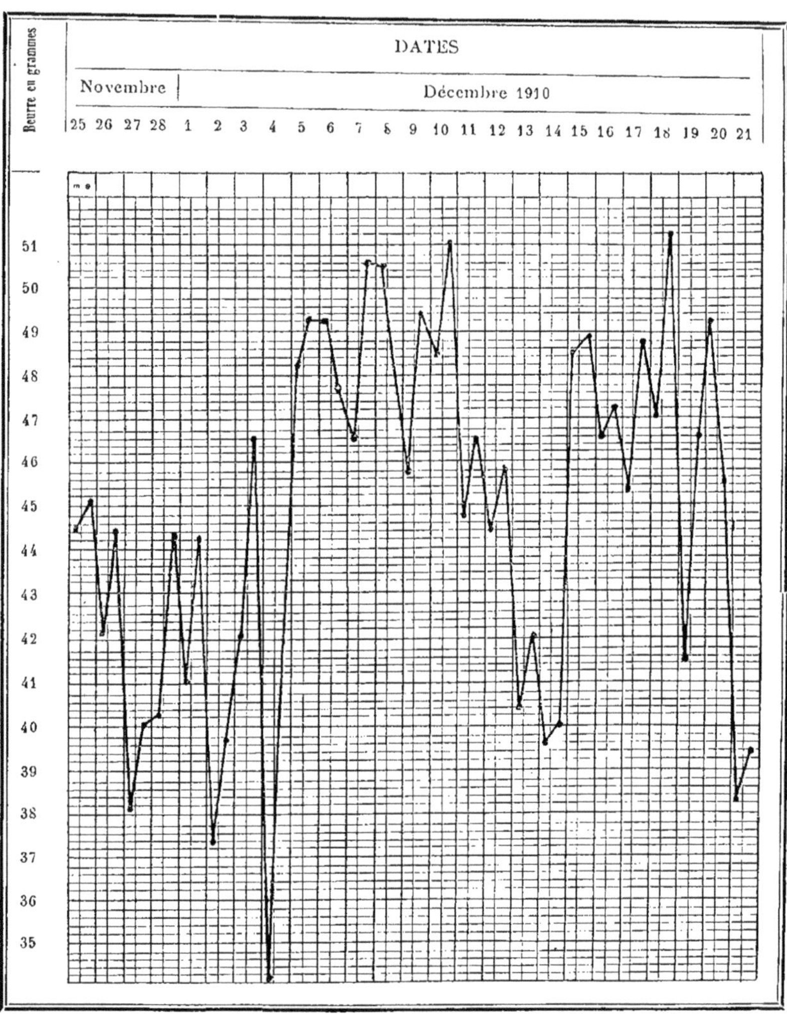

Fig. XI. — BIJOU, vache durham-normande.

Courbe de la teneur en matière grasse du lait sécrété, matin et soir, du 25 au 28 novembre et du 1er au 21 décembre 1910.

CHAPITRE II

Influence de l'heure de la traite.

D'une façon générale, il est admis que le lait de la traite du soir est plus riche en matière grasse que celui de la traite du matin. Cette loi, qui se vérifie dans la majorité des cas, souffre cependant des exceptions assez nombreuses. Ainsi, le lait de la vache C (Observation I) ne renfermait, le 16 au soir, que 37 gr. 10 de beurre et, le matin, il en contenait 41 gr. 62. « Bichette » présente de temps en temps le même phénomène : le 25, le 26 et le 28 novembre le lait du soir est plus pauvre que celui du matin ; il en est de même le 2 décembre avec 28 gr. 32 le soir contre 36 gr. 49 le matin ; de même le 7 décembre : 31.09 le soir et 39,62 le matin ; de même les 8, 9, 13, 18, 20 et 21. C'est tout à fait par hasard que la vache « Bijou » donne le soir un lait plus pauvre que celui du matin ; mais le fait se présente cependant trois fois pendant les vingt-cinq jours d'expériences, les différences sont d'ailleurs peu sensibles. « Fauvette » se conforme à la loi commune.

Chez les vaches qui sont traites le midi, on a généralement constaté que le lait de cette traite est le plus riche en beurre, bien que cependant on ait parfois signalé le contraire.

Les vaches de l'hôpital Saint-Louis n'étant traites que deux fois par jour, sauf pendant quelques semaines après le sevrage, je n'ai pu vérifier le fait.

CHAPITRE III

Variations de composition pendant la traite.

La proportion de beurre varie dans des limites très étendues aux différents moments de la traite. Ce fait, constaté par Reiset (1), par Filhol et Joly (2), a été confirmé depuis par un grand nombre d'analyses.

Malpeaux (3) cite les chiffres suivants :

Début de la traite	Milieu	Fin
19 gr.	27 gr.	37 gr. 5
23 gr.	31 gr.	43 gr.
18 gr.	25 gr.	39 gr.
17 gr.	26 gr.	33 gr.

Desbarrières (4) a trouvé comme chiffre le plus faible au début 10 gr. 5 et comme chiffre maximum à la fin de la traite 58 gr. 3.

Dáns une première expérience, je me suis contenté de prélever un échantillon sur le premier demi-litre, un second vers le milieu de la traite, un troisième sur les 60 derniers centimètres cubes et un quatrième sur la totalité de la traite.

----

(1) C. R., 1848, t. XXVII, page 41.
(2) Filhol et Joly, *loco cit.*
(3) *Annales agronomiques*, XXVII, page 450.
(4) Desbarrières, *loco cit.*, page 83.

L'analyse de ces quatre échantillons me donna les résultats suivants :

	1er prélèvement	2e prélèvement	3e prélèvement	Totalité de la traite
Beurre.	12.66	54.81	105.06	44.12
Lactose	53.62	52.15	52.76	54.21
Caséine	40.28	38.20	39.30	41.26
Cendres.	6.61	6.82	6.56	6.72
Extrait sec	115.97	155.09	206.76	146.44
Extrait dégraissé. .	103.31	100.28	101.70	102.32

Je fus frappé de la différence considérable entre le chiffre de la matière grasse du premier et du troisième prélèvement et, pour m'assurer que je ne me trouvais pas en présence d'un cas fortuit, je fis construire un petit appareil pour me permettre de fractionner aisément le lait d'une traite.

Cet appareil se compose simplement d'un large entonnoir monté sur un support et dont la douille coudée, longue de 1 m. 50 et fermée par un robinet, conduit le lait à une distance suffisante de la vache pour opérer en toute tranquillité.

Je pus ainsi recueillir le lait, litre par litre et j'ai consigné dans le tableau suivant les résultats de mes analyses.

De l'examen de ces chiffres, il ressort que seule la matière grasse varie tandis que tous les autres éléments restent en proportions relatives sensiblement constantes du commencement à la fin de l'opération. En revanche pour un taux moyen de 42 gr. 57 de beurre (vache n° 1), le premier litre n'en contient que 8 gr. 26 alors que le sixième en donne 71 gr. 74 et que la teneur des 300 derniers centimètres cubes est de 102 gr. 65 par litre. Ce qui frappe également c'est que le deuxième et le troisième litre donnent la même quantité de beurre : 27 gr. ; que le quatrième et le cinquième présentent également une teneur identique de 51 gr. et qu'il se produit un bond de 27 gr. à 51 gr. du troisième au quatrième litre. Cette anomalie apparente s'explique par le changement de trayons.

La teneur en matière grasse du lait de la vache n° 2 a varié de 9 gr. 39 à 104 gr. 76 et pour la vache n° 3 de 12 gr. 32 à 91 gr. 17.

Ces différences considérables sont beaucoup plus élevées que celles indiquées par les auteurs cités plus haut, cela provient certainement de ce que les traites ont été divisées en un plus grand nombre de fractions. Mais cela démontre bien combien il est important d'opérer la traite à fond, car les dernières portions du lait contiennent une quantité relativement considérable de beurre.

VARIATIONS DE COMPOSITION PENDANT LA TRAITE

N° de la vache.	N° du prélèv.	Volume des échantillons en cc.	Matière grasse.	Lactose.	Caséine.	Cendres.	Extrait sec.	Extrait dégraissé.
	1	1.000	8.26	53.81	39.08	6.72	110.41	102.15
	2	1.000	27.11	54.18	38.41	6.59	129.04	101.93
	3	1.000	27.61	54.26	38.10	6.38	129.31	101.70
1	4	1.000	51.67	53.49	38.18	6.34	152.52	100.85
	5	1.000	51.71	50.84	38.63	6.36	150.75	99.04
	6	1.000	71.74	50.82	38.59	6.32	170.68	98.94
	7	300	102.65	48.49	35.77	6.12	195.91	93.26
Totalité de la traite.		6.300	42.57	52.68	38.25	6.61	142.95	100.38
	1	1.000	9.39	49.17	37.16	6.94	105.35	95.96
	2	1.000	21.28	49.76	36.21	6.96	117.10	95.82
	3	1.000	27.36	49.62	36.83	6.92	123.37	96.01
	4	1.000	28.43	48.81	36.94	6.90	123.41	94.98
2	5	1.000	39.41	47.01	35.16	6.82	130.86	91.45
	6	1.000	52.09	47.58	34.49	6.71	142.91	90.82
	7	1.000	52.65	46.47	34.21	6.66	143.41	90.76
	8	1.000	70.78	46.80	33.31	6.58	160.58	89.80
	9	250	104.76	44.62	31.46	6.02	191.08	86.32
Totalité de la traite.		8.250	39.70	48.04	35.41	6.76	132.69	92.99
3	1	1.000	36.91	51.24	35.38	8.07	134.35	97.44
	2	980	89.09	48.14	33.21	7.90	170.63	90.54
Totalité de la traite.		1.980	58.28	49.70	34.28	8.01	152.24	93.96
	1	1.000	12.32	45.24	35.25	7.80	104.37	92.05
	2	1.000	29.61	44.28	34.15	7.62	120.06	90.45
4	3	1.000	39.48	43.61	32.66	7.46	127.32	87.84
	4	1.000	50.06	42.32	31.81	7.01	135.74	85.68
	5	400	91.17	40.65	30.20	7.08	173.36	82.19
Totalité de la traite.		4.400	38.16	42.84	32.65	7.52	125.81	87.65

CHAPITRE IV

Variations de la composition du lait fourni par chaque trayon

Lajoux (1), un des premiers, a montré que la composition du lait peut varier d'une manière très marquée suivant le pis auquel la traite a été effectuée.

J'ai dit, au chapitre précédent, que j'avais attribué à un changement de trayons l'anomalie constatée dans la progression de la matière grasse du lait fourni par la vache n° 1.

Pour m'en assurer, je fis opérer la traite du même animal en sélectionnant le lait de chaque trayon. Je recueillis successivement un demi-litre fourni par chacun des trayons numérotés de I à IV, puis un second et ainsi de suite jusqu'à épuisement complet.

Les quantités fournies par chaque trayon sont indiquées dans le tableau suivant avec le dosage du beurre et de l'extrait sec pour chaque prélèvement.

La lecture de ce tableau est intéressante. Les trayons I et II donnent sensiblement la même quantité de lait : 1.650 cc et 1.950 cc., le n° III n'en fournit que 1.200 cc. et le n° IV, le plus généreux, donne 2.060 cc. d'un lait dont la richesse en beurre est de 41 gr. 60 par litre, celui des autres trayons n'en contenant que 30 à 35 gr. Mais il faut observer que le trayon n° IV a été pour chaque fraction-

---

(1) Villiers et Collin, *loco cit.*, p. 566.

VARIATIONS DE COMPOSITION DU LAIT DE CHAQUE TRAYON

TRAYON N° I	1er prélèv¹	5e prélèv¹	9e prélèv¹	13e prélèv¹		Total
Volume	500.cc	500.cc	500.cc	150.cc	»	1.650.cc
Beurre.	15.41	38.28	34.53	46.40	»	30.96
Extrait sec	124.73	146.09	142.51	153.54	»	139.20
Extrait dégraissé . .	109.32	107.81	107.98	107.14	»	108.24

TRAYON N° II	2e prélèv¹	6e prélèv¹	10e prélèv¹	14e prélèv¹		Total
Volume	500.cc	500.cc	500.cc	450.cc	»	1.950.cc
Beurre.	30.18	40.62	39.36	36.78	»	35.85
Extrait sec	138.82	148.38	147.16	144.60	»	143.86
Extrait dégraissé . .	108.64	107.76	107.80	107.82	»	108.01

TRAYON N° III	3e prélèv¹	7e prélèv¹	11e prélèv¹			Total
Volume	500.cc	500.cc	200.cc	»	»	1.200.cc
Beurre.	22.50	38.49	59.25	»	»	35.19
Extrait sec	131.42	146.24	165.44	»	»	143.27
Extrait dégraissé . .	108.92	107.75	106.19	»	»	107.98

TRAYON N° IV	4e prélèv¹	8e prélèv¹	12e prélèv¹	15e prélèv¹	16e prélèv¹	Total
Volume	500.cc	500.cc	500.cc	500.cc	60.cc	2.060.cc
Beurre	33.23	45.35	42.35	44.05	54.37	41.60
Extrait sec	111.24	153.06	150.19	151.85	161.30	149.41
Extrait dégraissé . .	108.01	107.71	107.84	107.80	106.93	107.81

TOTALITÉ DE LA TRAITE.

Volume	6.860.cc
Beurre	36.31
Extrait sec	144.31
Extrait dégraissé	108.00

nement trait le dernier et nous savons que la richesse en beurre augmente à mesure que la traite avance. Cependant, en contradiction avec cette règle, la moyenne de matière grasse du lait fourni par le trayon n° III est légèrement inférieure à celle du trayon n° II.

Si nous examinons les échantillons dans l'ordre dans lequel ils ont été prélevés, sans tenir compte du trayon par lequel ils ont été fournis, nous obtenons une courbe irrégulière, ainsi qu'on le voit par le graphique ci-après qui donne la richesse en beurre de chacun des échantillons placés dans l'ordre du prélèvement.

Il est une particularité qui frappe également, c'est que dans les expériences précédentes le lait contenait au début de la traite de 8 à 12 gr. de beurre et à la fin 102 à 105 gr. Dans cette dernière expérience la richesse en beurre ne varie plus que de 15 gr. à 59 gr. pour le XIe prélèvement, le XVIe et dernier ne contenant que 54 gr. de beurre.

En outre, la richesse moyenne en beurre est passée de 44 gr. à 36 gr. 31.

Il est donc très probablement resté dans la mamelle une certaine quantité de lait, la plus riche en beurre. Cela provient de ce que la traite a été opérée trayon par trayon et que, ainsi que le dit le Dr Julius Kuhn (1), la sécrétion lactée est favorablement influencée par le massage de la glande pendant l'opération de la mulsion. C'est pour cette raison, aussi, qu'il est préférable, ainsi que l'a montré le prof. Albert (2), de pratiquer la traite en diagonale. En opérant ainsi, « la quantité du lait obtenu est plus considérable, et la teneur de ce liquide en beurre, plus élevée ».

---

(1) Dr Kuhn, trad. Raquet et Scholl. *Alimentation rationnelle des bêtes bovines*, page 279.

(2) Milchzeitung, 1894, 23-231.

Desbarrières (1) a expérimenté comparativement la traite en diagonale et la traite latérale et il a remarqué, sous l'influence de la première, une augmentation du volume du lait et de la matière grasse.

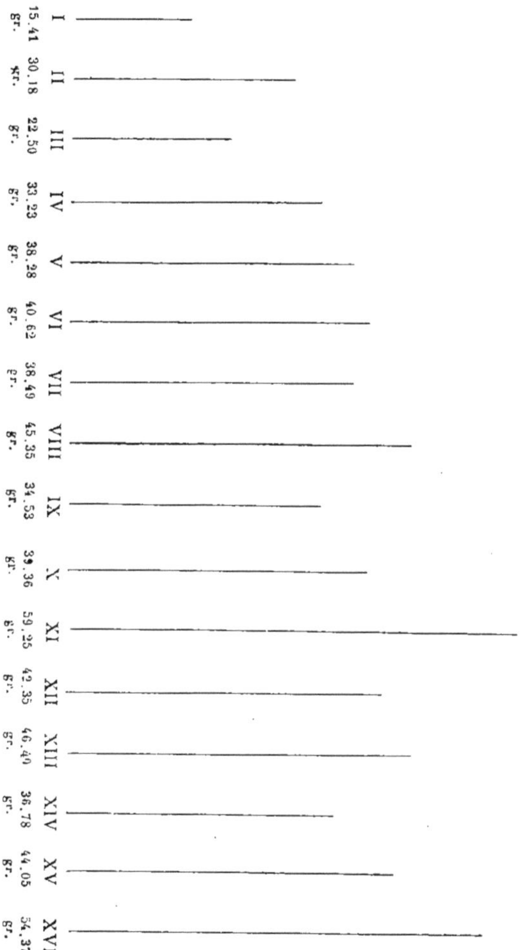

Fig. XII. — GRAPHIQUE DE LA TENEUR EN BEURRE DES ÉCHANTILLONS DE LAIT DANS L'ORDRE DES PRÉLÈVEMENTS.

	gr.
I	15.41
II	30.18
III	22.50
IV	33.23
V	38.28
VI	40.62
VII	38.49
VIII	45.35
IX	34.53
X	39.36
XI	59.25
XII	42.35
XIII	46.40
XIV	36.78
XV	44.05
XVI	54.37

(1) Desbarrières, *loco cit.*

CHAPITRE V

Influence du sevrage.

Les laitiers ont depuis longtemps remarqué qu'une vache dont on sèvre le veau donne un lait très pauvre, que, dans la Charente, on appelle *lait chagrin*.

Première observation

J'ai voulu étudier la composition de ce lait. Dans le courant de juin 1911, j'étais prévenu que le veau nourri par l'une des vaches de l'étable, à l'hôpital Saint-Louis, allait être abattu. La veille et l'avant-veille du jour de cette opération, j'ai analysé le lait de la mère. Dans le but d'avoir un échantillon de composition moyenne j'ai fait un prélèvement au commencement, au milieu et à la fin de la tétée. L'analyse du mélange à parties égales de ces trois échantillons m'a donné les résultats suivants :

	28 juin soir	29 juin matin
Beurre	52.95	55.78
Lactose	51.68	48.61
Caséine	42.47	37.97
Matières minérales	6.18	6.21
Extrait sec	155.20	150.65
Extrait sec dégraissé	102.25	94.87

Ces deux laits, de composition sensiblement identique, sont très riches en beurre, mais on a vu par les expériences décrites précédemment, que l'échantillon, tel que je l'ai prélevé pour l'analyse, ne représente pas le type moyen du lait de l'animal. En effet, à aucun moment, je n'ai trouvé par la suite, dans le lait du soir, une quantité aussi élevée de matière grasse. C'est donc seulement par une traite à fond que l'on peut être certain d'avoir un lait normal.

Quoi qu'il en soit, le 30 juin à 5 heures du matin, *le veau étant encore à l'étable*, il est procédé à la traite de la vache, le volume du lait est mesuré et j'en prélève un échantillon. Le même jour et les jours suivants jusqu'au 4 juillet, je répète la même opération aux trois traites de la journée.

L'analyse de ces différents laits m'a donné les résultats consignés dans le tableau suivant :

INFLUENCE DU SEVRAGE

(Vache Nº 1)

Dates	Volume de la traite	Beurre	Lactose	Caséine	Cendres	Extrait Sec	Extrait Dégraissé
			Traite du matin				
30 Juin	2.500	8 20	5".19	38 26	6.04	1(5 05	96 85
1er Juil.	3.750	33 66	33.70	43.29	6.06	138.92	105 26
2	4 000	33 35	48 81	34 34	6.02	124 53	91.18
3	4.000	36 33	47 94	35 84	6 04	128.41	92 05
4	4.000	26 67	48 28	34.88	6.20	117.79	91.12
			Traite de midi				
30 Juin	2 000	14.24	52 63	38 28	6 22	113.34	99.10
1er Juil	2.000	53.88	54.12	41.21	6.70	158.55	104.67
2	1.250	32.91	49 27	37.26	6 41	128 47	95.56
3	2 000	47 90	53.24	41 43	6.17	150.82	102.92
4	2 000	38 48	50.36	38 15	6.01	135.10	96.62
			Traite du soir				
30 Juin	2.500	21.51	51.24	41 81	6.34	122 94	101.43
1er Juil	2 000	38.17	50 68	35.47	5.98	132.62	94.45
2	3.000	43.62	52 65	40.56	6.26	144 89	101.27
3	2.500	49.20	51.62	40.53	6.12	149.68	100.48
4	2.500	41.16	50.94	36.38	6 04	136.64	95.48

Le lait de la première traite, le matin, ne contient que 8 gr. 20 de matière grasse par litre, le volume est également inférieur à ce qu'il sera par la suite. A midi, le taux du beurre s'élève à 14 gr. 24 et passe à 21 gr. 51 le soir. Les autres éléments sont normaux et n'ont subi que des variations insignifiantes.

Pendant les cinq jours que dure l'expérience, la matière grasse reste assez faible surtout le matin. Il faut cependant noter que, le 1ᵉʳ juillet à midi, elle s'élève à 53 gr. 88 pour tomber le lendemain à 32 gr. 91 et remonter le surlendemain à 47 gr. 90.

Ce qu'il y a de particulier dans ces faits, et ce qui montre que ce nom de *lait chagrin* repose sur une idée fausse, c'est que la mère avait encore son veau près d'elle lorsqu'il a été procédé à la traite du matin le 30 juin. C'est à huit heures seulement que le jeune animal a été enlevé.

Le 1ᵉʳ juillet, au contraire, alors que la vache inquiète emplissait l'étable de ses mugissements, elle donne à midi un lait très riche en beurre.

Il semble que la vache a pu retenir son lait et en particulier la matière grasse lorsqu'à la succion du veau on a substitué la traite manuelle.

Cornevin (1) parlant des femelles qui retiennent leur lait dit : « Ce n'est pas en contractant volontairement les « sphincters des trayons qu'elles closent l'orifice d'écoule- « ment. Ces sphincters sont à fibres lisses et soustraits à « l'action de la volonté. Depuis Furstemberg, on admet « que la rétention du lait résulte de la contraction volon- « taire des muscles abdominaux, de la tension du dia- « phragme et d'une interruption des mouvements respira- « toires, ce qui produit un obstacle au retour du sang par « les veines abdominales, une stase dans la mamelle... »

---

(1) Cornevin, *loco cit.*, page 154.

Pour vérifier cette hypothèse, j'ai fait traire à fond, à plusieurs reprises, deux vaches allaitant leur veau et j'ai, pendant les cinq jours qui ont suivi le sevrage, procédé à l'analyse de leur lait.

Les résultats de ces différentes analyses sont consignés dans les tableaux suivants. On remarquera que par exception les vaches ont été traites 3 fois par jour. C'est en effet la coutume à l'hôpital de procéder ainsi pendant quelques semaines après le sevrage.

Ces deux animaux n'ont pas donné de lait aussi pauvre que la première vache, mais cependant la teneur en beurre, très faible aux premières traites, s'est accrue rapidement jusqu'à atteindre pour la vache 3 un taux exceptionnellement élevé.

Ainsi qu'on pouvait le soupçonner, l'analyse du lait trait pendant l'allaitement du veau a donné des résultats sensiblement semblables à celle du lait sécrété immédiatement après le sevrage.

INFLUENCE DU SEVRAGE

(Vache nº 2)

DATES		Poids.	Matière grasse.	Lactose.	Caséine.	Cendres.	Extrait sec.	Extrait dégraissé.
Pendant l'allaitement. — Soir.								
Déc.	25	1.500	24.34	52.44	36.02	6.86	122.06	97.72
	30	2.200	26.29	53.95	36.71	6.46	125.69	99.40
Janv.	3	2.100	21.26	55.00	37.48	7.50	120.70	99.44
Après sevrage.								
Matin.								
Janv.	13	2.000	22.13	52.23	35.17	6.92	118.27	96.14
	14	3.750	38.24	54.42	35.45	6.61	136.50	98.26
	15	4.400	39.62	54.31	36.68	6.80	139.10	99.48
	16	4.250	39.37	51.18	36.05	7.04	135.72	96.35
	17	4.150	40.29	53.64	35.96	6.51	138.90	98.61
Midi.								
Janv.	13	2.250	31.44	53.17	36.64	6.56	129.51	98.07
	14	2.150	55 37	53.60	35.72	6.82	152.79	97.42
	15	1.800	56.61	54.24	36.09	6.71	156.00	99.39
	16	2.300	58.74	53.46	35.53	7.08	156.12	97.38
	17	1.950	52.19	51.81	36.16	6.95	148.81	96.62
Soir.								
Janv.	13	2.200	42.21	51.12	36.28	6.90	138.66	96.45
	14	2.150	52.08	54.47	35.16	6.86	150.42	98.34
	15	3.200	48.60	53.06	35.24	7.21	146.31	97.71
	16	2.500	41.16	53.27	36.31	6.94	139.48	98.32
	17	2.350	42.75	54.65	36.59	7.15	142.41	99.66

INFLUENCE DU SEVRAGE

(Vache n° 3)

DATES	Poids.	Matière grasse.	Lactose.	Caséine.	Cendres	Extrait sec.	Extrait dégraissé.
Pendant l'allaitement. — Soir.							
Févr. 20	5.000	22.31	54·24	36.40	6.41	121.58	99.27
26	5.200	20.16	54:41	35.15	6.82	118.31	98.15
Mars 2	4.900	23.42	55.36	35.28	6.95	122.76	99.34
Après sevrage.							
Matin.							
Mars 8	5.900	22.94	54.28	35.26	6.17	121.39	98.45
9	5.850	37.21	55.32	34.43	6.40	135.99	98.78
10	7.250	49.45	52.17	31.23	6.39	143.86	94.41
11	6.500	50.28	54.09	36.65	6.32	149.63	99.35
12	7.150	45.39	54.16	35.32	6.66	143.63	98.24
Midi.							
Mars 8	4.200	35.87	53.80	36.24	6.91	134.71	98.84
9	3.900	56.39	54.32	36.30	6.46	156.09	99.70
10	3.150	70.44	53.41	37.41	6.51	169.92	99.48
11	4.350	61.32	55.20	36.34	7.01	161.74	100.42
12	4.200	58.65	54.18	36.45	6.85	157.80	99.15
Soir.							
Mars 8	5.300	45.45	54.14	35.00	7.14	143.98	98.53
9	6.200	58.80	56.15	35.19	6.55	159.11	100.31
10	5.850	60.42	55.00	34.25	6.41	159.07	98.65
11	5.750	56.35	56.18	34.14	6.33	155.67	99.32
12	6.000	51.30	54.24	35.18	6.28	149.57	98.27

QUATRIÈME PARTIE

LAIT DE CHÈVRE ET DE CHIENNE

CHAPITRE PREMIER

**Variations journalières de la composition du lait
de chèvre et de chienne.**

D'une manière générale, la matière grasse du lait de chèvre comme celle du lait de chienne est sujette à des variations journalières. Les analyses mentionnées aux tableaux suivants montrent que ces variations peuvent atteindre un taux assez élevé.

Le lait de la chèvre n° 1, qui, le 11 août au soir, contenait 52 gr. 33 de beurre par litre, n'en contenait plus que 37 gr. 48 le lendemain soir, soit une variation de plus de 30 %. La chèvre n° 2, dont le lait du 26 août (traite du soir) donnait 40 gr. 21 de beurre, n'en donnait plus que 31 gr. 25 le lendemain soir.

Les variations présentées par le lait de chienne sont proportionnellement moins élevées. Pour opérer le prélèvement de ce lait, j'ai employé le même procédé que pour le lait de femme et j'ai pu ainsi, sans trop de difficultés, obtenir les échantillons nécessaires à mon analyse.

J'ai vidé tous les mamelons qui donnaient du lait, quelques-uns n'en fournissaient que quelques gouttes.

CHÈVRE Nº 1.

6 ANS. — LAIT DE 3 MOIS

Traite du matin.

DATES	Volume	Matière grasse.	Lactose	Caséine	Cendres	Extrait sec	Extrait sec dégraissé
Août							
7	740 cc.	30.85	58.18	31.82	7.77	130.27	99.42
8	680 cc.	34.80	»	»	»	133.33	98.53
9	750 cc.	36.03	»	»	»	136 99	100.96
10	820 cc.	36.73	»	»	»	135.27	98.54
11	670 cc.	38.29	»	»	»	137.92	99.63
12	660 cc.	41.98	58.05	31.34	7.48	140.79	98.81
13	730 cc.	36.10	»	»	»	136.64	100.54
16	830 cc.	34.08	»	»	»	132 47	98.39
17	680 cc.	38.00	»	»	»	136.26	98.26
18	690 cc.	36.67	»	»	»	137.41	100.74
19	720 cc.	39.64	58.29	31.21	7.80	138 45	98 81
20	810 cc.	40.81	»	»	»	139.97	99.16
21	680 cc	35.06	»	»	»	132.41	97.35
22	750 cc.	36.56	»	»	»	134.80	98.24
23	810 cc.	38.51	»	»	»	137.56	99.05
24	670 cc.	34.53	58.25	32.66	7.68	134.64	100.11
25	760 cc.	32.81	»	»	»	131.12	98.31
26	820 cc.	30.24	»	»	»	128.76	98.52
27	690 cc.	31.71	»	»	»	129.62	97.91
28	720 cc.	37.32	»	»	»	134.32	97.00
Maximum :	830 cc.	40.81	58 29	32.66	7.80	140.79	100.96
Minimum :	670 cc.	30.24	58.05	31.21	7.48	128.76	97.00
Moyenne :	734 cc.	36 01	58.19	31.91	7.68	134.75	98.98

CHÈVRE N° 1.

6 ANS. — LAIT DE 3 MOIS

Traite du soir.

DATES	Volume	Matière grasse.	Lactose	Caséine	Cendres	Extrait sec	Extrait sec dégraissé
Août							
7	630 cc.	32.21	58.25	32.64	7.81	132.33	100.12
8	540 cc.	36.33	»	»	»	134.70	98.37
9	450 cc.	44.41	»	»	»	140.95	96.54
10	630 cc.	38.73	»	»	»	137.96	99.23
11	580 cc.	52.53	»	»	»	153.34	100.81
12	620 cc.	37.48	56 36	30.72	7.64	133.77	96.29
13	570 cc.	35.47	»	»	»	133.31	97.84
16	490 cc.	39.26	»	»	»	137.54	98.28
17	560 cc.	48.13	»	»	»	145.64	97.51
18	620 cc.	44.89	»	»	»	142.45	97.56
19	580 cc.	46.21	57.40	30.90	7.82	143.27	97.06
20	610 cc.	38.36	»	»	»	136.20	97.84
21	540 cc.	37.65	»	»	»	137.97	100.32
22	490 cc.	42.82	»	»	»	141.46	98.64
23	620 cc.	48.04	»	»	»	144.98	96.94
24	560 cc.	47.18	57.86	31.33	7.60	144.89	97.71
25	630 cc.	39.08	»	»	»	137.40	98.32
26	480 cc.	38.26	»	»	»	137.42	99.16
27	620 cc.	51.61	»	»	»	150.87	99.26
28	550 cc.	47.50	»	»	»	144.43	96.93
Maximum :	630 cc.	52.53	58.25	32.64	7.82	153.34	100.81
Minimum :	450 cc.	35.47	56.36	30.72	7.60	132.33	96.29
Moyenne :	573 cc	42.38	57.47	31.55	7.72	139.99	98.23

CHÈVRE N° 2.

4 ANS. — LAIT DE 5 MOIS

Traite du matin

DATES	Volume	Matière grasse.	Lactose	Caséine	Cendres	Extrait sec	Extrait sec dégraissé
Août							
7	620	42.85	»	»	»	134.09	91.24
8	580	44.80	52.14	28.43	8.01	135.58	90.78
9	610	46.03	»	»	»	137.04	91.01
10	590	40.73	»	»	»	131.41	90.68
11	630	48.29	»	»	»	140.48	92.19
12	630	44.21	»	»	»	134.73	90.52
13	580	40.98	53.21	28.62	7.98	132.89	91.91
16	620	42.10	»	»	»	152.84	90.74
17	710	42.71	»	»	»	134.71	92.00
18	630	43.87	»	»	»	135.13	91.26
19	620	48.00	»	»	»	142.77	94.77
20	610	47.64	53.92	29.18	8.04	140.87	93.23
21	710	54.71	»	»	»	145.41	90.70
22	620	48.64	»	»	»	140.50	91.86
23	580	49.24	»	»	»	139.16	89.92
24	630	45.18	»	»	»	135.78	90.60
25	590	42.81	53.81	28.44	7.82	134.89	92.08
26	620	47.24	»	»	»	136.75	89.51
27	710	43.32	»	»	»	137.77	94.45
28	580	44.75	»	»	»	135.05	90.30
Maximum :	710	54.71	53.92	29.18	8.04	145.41	94.77
Minimum :	580	40.73	52.14	28.43	7.82	131.41	89.51
Moyenne :	643	45.41	53.27	28.67	7.96	136.86	91.53

CHÈVRE N° 2.

4 ANS. — LAIT DE 5 MOIS

Traite du soir

DATES	Volume	Matière grasse.	Lactose	Caséine	Cendres	Extrait sec	Extrait sec dégraissé
Août							
7	420	38.01	»	»	»	128.36	90.35
8	440	39.68	53.78	28.18	7.80	132.39	92.71
9	370	37.19	»	»	»	127.96	90.77
10	380	38.52	»	»	»	129.49	90.97
11	450	36.77	»	»	»	128.18	91.41
12	430	39.35	»	»	»	131.90	92.55
13	360	38.97	52.10	28.45	7.99	129.69	90.72
16	440	36.71	»	»	»	128.19	91.48
17	380	38.00	»	»	»	128.06	90.06
18	450	35.26	»	»	»	126.71	91.45
19	370	34.23	»	»	»	123.49	89.26
20	430	33.70	52.21	28.05	8.03	123.73	90.03
21	430	34.60	»	»	»	125.79	91.19
22	460	36.13	»	»	»	128.19	92.06
23	360	32.03	»	»	»	129.80	97.77
24	380	38.45	»	»	»	130.58	92.13
25	440	36.06	52.47	28.15	7.80	126.66	90.60
26	390	40.21	»	»	»	132.66	92.45
27	360	31.25	»	»	»	123.07	91.82
28	370	34.82	»	»	»	124.82	90.00
Maximum :	460	40.21	53.78	28.45	8.03	132.66	97.77
Minimum :	360	31.25	52.10	28.05	7.80	123.07	89.26
Moyenne :	400	36.64	52.64	28.21	7.90	128.02	91.16

CHEVRE N° 3

8 ANS. — LAIT DE 4 MOIS.

Traite du matin.

DATES.	Volume.	Matière grasse.	Lactose.	Caséine.	Cendres.	Extrait sec.	Extrait sec dégraissé.
Août							
7	670	36.23	»	»	»	122.96	86.73
8	580	38.16	»	»	»	122.78	84.62
9	720	40.20	»	»	»	122.31	82.11
10	490	32.49	41.65	32.28	8.71	117.39	84.90
11	730	38.65	»	»	»	127.19	88.54
12	670	42.02	»	»	»	126.33	84.31
13	660	44.04	»	»	»	130.32	86.28
16	670	40.30	»	»	»	123.43	82.83
17	650	40.55	42.84	34.41	8.12	128.64	88.09
18	730	38.64	»	»	»	120.85	82.21
19	580	32.68	»	»	»	113.60	80.92
20	710	44.62	»	»	»	129.01	84.39
21	670	46.56	»	»	»	131.36	84.80
22	720	38.44	41.92	33.81	8.90	125.19	86.75
23	730	36.41	»	»	»	122.68	86.27
24	640	32.16	»	»	»	120.56	88.40
25	630	38.50	»	»	»	121.09	82.79
26	660	36.48	»	»	»	120.80	84.32
27	720	32.23	40.18	28.15	8.81	112.38	80.15
28	620	36.19	»	»	»	124.81	88.62
Maximum :	730	46.56	42.84	34.41	8.90	131.36	88.62
Minimum :	580	32.16	40.18	28.15	8.12	112.38	80.15
Moyenne :	662	38.42	41.67	32.16	8.63	122.72	84.43

CHEVRE N° 3

8 ANS. — LAIT DE 4 MOIS.

Traite du soir.

DATES	Volume.	Matière grasse.	Lactose.	Caséine.	Cendres.	Extrait sec.	Extrait dégraissé
Août							
7	460	32.28	»	»	»	118.54	86.26
8	540	36.83	»	»	»	121.81	84.98
9	430	38.26	»	»	»	121.43	83.17
10	560	30.11	41.82	32.46	8.80	115.72	85.61
11	470	36.03	»	»	»	122.48	86.45
12	430	38.36	»	»	»	126.50	88.14
13	420	40.90	»	»	»	125.21	84.31
16	580	36.31	»	»	»	121.18	84.87
17	560	32.87	40.17	31.61	8.84	115.98	83.11
18	550	34.12	»	»	»	120.15	86.03
19	470	38.09	»	»	»	123.73	85.64
20	440	36.17	»	»	»	118.91	82.74
21	560	32.21	»	»	»	120.88	88.67
22	430	38.16	42.72	35.01	8.03	126.56	88.40
23	580	34.98	»	»	»	121.89	86.91
24	440	36.26	»	»	»	118.91	82.65
25	560	32.89	»	»	»	116.51	83.62
26	470	36.72	»	»	»	120.61	83.89
27	480	38.40	41.88	33.75	8.24	125.12	86.72
28	550	36.28	»	»	»	124.82	88.54
Maximum :	580	40.90	42.72	35.01	8.84	126.56	88.67
Minimum :	420	30.11	40.17	31.61	8.03	115.72	82.65
Moyenne :	499	35.94	41.65	33.21	8.48	120.98	85.12

CHIENNE. — SETTER GORDON 5 ANS. — LAIT DE 3 SEMAINES.

(Nourrie de soupe au pain et aux déchets de viande).

DATES.	Volume.	Matière grasse.	Lactose.	Caséine.	Cendres.	Extrait sec.	Extrait dégraissé.
Nov.							
13	22 cc.	87.81	28.05	76.65	9.61	205.55	117.74
14	28 cc.	92.24	»	»	»	217.91	125.67
15	46 cc.	94.16	»	»	»	209.72	115.56
16	35 cc.	96.83	»	»	»	211.27	114.44
17	20 cc.	88.36	»	»	»	210.61	122.25
18	28 cc.	89.50	29.16	81.23	9.44	212.78	123.28
19	26 cc.	94.43	»	»	»	213.02	118.59
20	24 cc.	90.50	»	»	»	215.98	125.48
21	23 cc.	92.43	»	»	»	222.04	129.61
22	22 cc.	86.72	»	»	»	201.52	114.80
23	31 cc.	84.66	31.22	81.40	9.38	209.96	125.30
24	30 cc.	88.16	»	»	»	201.37	113.21
25	28 cc.	84.10	»	»	»	210.74	126.64
26	42 cc.	82.27	»	»	»	205.53	123.26
27	30 cc.	94 02	»	»	»	210.86	116.84
28	32 cc.	91.18	29.02	76.18	9.04	209.24	118.06
29	38 cc.	87.65	»	»	»	215.83	128.18
Déc. 1	24 cc.	89.16	»	»	»	218.82	129.66
2	36 cc.	86.29	»	»	»	202.31	116.02
3	31 cc.	88.56	»	»	»	208.72	120.16
Maximum :	46 cc.	96.83	31.22	81.40	9.61	222.04	129.66
Minimum :	20 cc.	82.27	28.05	76.18	9.04	201.37	113.21
Moyenne :	30 cc.	89.05	29.36	78.86	9.37	210.85	121.59

CHAPITRE II

Variations de composition du lait de chèvre pendant la traite.

J'ai fractionné le lait de chèvre en prenant 3 échantillons de chaque pis. La matière grasse varie de 18 gr. à 42 gr. Les chevriers qui conduisent leurs troupeaux à travers les rues des grandes villes et vendent leur lait en trayant directement dans la tasse du client, livrent donc un lait dont la teneur en beurre peut varier du simple au triple, suivant que le lait a été pris au début ou à la fin d'une traite. Les consommateurs du lait de ces chèvres ne se doutent certainement pas de cette anomalie ; beaucoup d'entre eux sont certainement très heureux de voir le lait qui leur est servi, puisé à une mamelle abondamment gonflée et ne songent pas qu'ils auront ainsi un lait très pauvre.

VARIATIONS DE LA MATIÈRE GRASSE PENDANT LA TRAITE

LAIT DE CHÈVRE

Pis	Volume	Beurre	Extrait sec	Extrait dégraissé
No 1				
1er prélèvement . . .	85 cc	18.51	125.64	107.13
2e prélèvement . . .	85 cc	29.33	133.55	104.22
3e prélèvement . . .	120 cc	42.13	142.78	100 65
Lait total	290 cc	31.45	135.04	103.59
No 2				
1er prélèvement . .	115 cc	18.91	125.70	106.81
2e prélèvement . . .	110 cc	32.48	134 65	102.17
3e prélèvement . . .	120 cc	41.15	141.13	99.98
Lait total	345 cc	31.07	134.02	102.95

CONCLUSIONS

I. — La teneur en matière grasse du lait de femme, de vache, de chèvre et de chienne est extrêmement variable chez le même sujet.

II. — Elle se modifie journellement sous l'influence de causes inconnues.

III. — Elle varie de façon souvent considérable du début à la fin de la traite.

IV. — Elle n'est pas la même aux différentes heures de la journée. Le lait du soir n'a pas toujours été trouvé plus pauvre en matière grasse que celui du matin.

V. — Le lait de femme sécrété par les deux seins n'est pas généralement de composition identique. Le lait le plus riche n'est pas toujours fourni par le sein le plus petit.

Il n'est pas possible de tirer une loi précise de ces variations.

VI. — Il importe donc, pour obtenir un échantillon moyen d'un lait de femme, de vider complètement les deux seins et de mélanger les liquides obtenus. Pour avoir des résultats rigoureux il est nécessaire de faire des dosages de la matière grasse en séries en opérant des prélèvements à différentes heures de la journée et à des jours différents.

La composition de l'extrait sec dégraissé étant sensiblement invariable, une seule analyse de ses éléments paraît suffisante.

VII. — L'expert appelé à se prononcer sur la fraude du lait de vache doit se montrer extrêmement prudent lorsqu'il s'agit du lait d'une seule vache et qu'il soupçonne l'écrémage. Il est absolument nécessaire, si le propriétaire de l'animal soutient qu'il n'y a pas eu fraude, de faire des dosages de beurre en séries en prélevant des échantillons plusieurs jours de suite.

INDEX BIBLIOGRAPHIQUE

ABDERHALDEL. — Zeitsch. f. physiol. chemie XXVII.

ALBERT. — Milchzeitung, 1894, 23.

BARRESWILL et GIRARD. — Dictionnaire de chimie industrielle.

P. BARLERIN. — Modification du lait de femme sous l'influence de l'extrait de graines de cotonnier, Paris, Henry Paulin, 1906.

BOUSSINGAULT. — Agron. chim. agric. et physiol., t. V, 1871, p. 144, 386, 391.

BOUSSINGAULT. — Comptes rendus de l'acad. des Sciences, t. XVI, 1843.

BOUSSINGAULT et LE BEL. — Comptes rendus de l'académie des Sciences, t. VII, 1838.

Mme BRÈS. — De la mamelle et de l'allaitement, thèse, Paris, 1871.

BRUNET et GROUSSIER. — Le fromage de Géromé, Paris, 1900.

BURTE. — Bull. Soc. de médecine de Paris, 1882.

CAMERER et SOLDNER. — Zeitschrift für Biologie, XVIII, 1898.

CHEVALIER et BAUDRIMONT. — Dictionnaire des altérations et falsifications des substances alimentaires, Paris, Asselin et Houzeau, 1895.

COMTE. — Journal Ind. Laitière, 1906, p. 159.

CORNEVIN. — Production du lait, Paris, Gauthier-Villars.

COUDEREAU (C. A.). — Recherches chimiques et physiologiques sur l'alimentation des enfants, thèse, Paris, 1859.

DANCEL. — Comptes rendus Acad. des Sciences, t. LXI, 1865, p. 243, LXIII, 1866, p. 475.

P. DECHAMBRE. — Compte rendu du premier congrès d'Industrie laitière, Paris.

C. DENIGÈS. — Chimie analytique, Paris, A. Maloine.

DESBARRIÈRES. — Étude sur les laits de Touraine, Paris, J. Le Chevalier, 1909.

DESPREZ. — Journal Industrie laitière, 1909, p. 39.

DORNIC. — Journal Industrie laitière, 1896, p. 113.

Duclaux. — Théorie élémentaire de la capillarité, Journ. de Physique, 1872.

Duclaux. — Annales de l'Institut Pasteur, 1893, p. 2.

Duclaux. — Le lait, Paris, 1894.

Ellenberger. — Archiv. f. Physiol., 1899.

Eury. — Rapport déposé au tribunal de La Rochelle, 1903.

Farines. — Journal Industrie laitière, 1911, n° 2.

Fascetti. — Revue générale du lait, 1904-1905.

A. Féry. — Etude comparée sur le lait de la femme, la vache, etc., Paris, 1894, J.-B. Baillière. — Mon. scient., 1891, p. 122.

Filhol et Joly. — Comptes rendus de l'académie des sciences, t. XLVII, 1858.

Dʳ Freitag-Chilmang. — Zeitsch d. Landw. Vereins f. Rheimpr, 1871, s. 69 fig.

Furstenberg. — Die Milchdrüsen. der Kuh, Leipzig, 1868.

A. Gautier. — Leçon de chimie biologique, Paris, Masson et C°.

Gautrelet. — Recherches sur laits alim., Vichy, 1892.

Gerson. — Thèse, Paris, 1891-92, n° 155.

Girard.— Analyse des matières alimentaires et recherches de leurs falsifications, Paris, Veuve Dunod, 1904.

Gouin. — Influence de la race et de l'individu sur le rendement du lait en matière grasse.

Guiraud. — Le lait de femme, thèse, Bordeaux, 1897.

Henry. — Journal Industrie laitière, 1898.

Henrich. — Protokolle der Sitzungen der Zentral Auschlusses der Konige Land. Wirthschafts Gesellschaft zu Celle 67, und 68 Heft Hanove, 1895 und 1896.

Hetwig. — Schmidt's Jaresb, CX, p. 85, 1861.

Hohenheim. — Baltische Wochenschrift, 15-28 février 1906.

Hucho. — Jahresb d. Tierchemie, XXVII.

Jordon, Jeutner et Euller. — Annales agronomiques, 1902, p. 584.

Journal Industrie laitière, 1911, p. 519.

The Journal of The Bourd of Agriculture, décembre 1905.

Gust. Kuhn. — Journal J. Landw. Jahrg., 1877, s. 373.

Dʳ Julius Kühn.— Alimentation rationnelle des bêtes bovines, trad. Raquet et Scholl, Paris, Asselin et Houzeau, 1901.

Lami. — Compte rendu de l'Académie des Sciences, t. LXXXIX 1879, p. 261.

Lassablière. — Obstétrique, 1910, p. 337.

Lermat. — Premier Congrès d'industrie laitière, Paris.

Lesage et Dongier.— Comptes rendus de l'académie des Sciences, t. CXXXIV, 1902.

Lindet. — Le lait, Paris, Gauthier-Villars.

Makris. — Dissert. inaug., Strasbourg, 1876.

Malpeaux. — C. R. 6° congrès de la Société d'alimentation rationnelle du bétail, Paris, 1902.

Malpeaux. — Annales agronomiques, t. XXII, p. 281.

Malpeaux et Dikson. — Annales agronomiques, t. XXIV, p. 354.

Malpeaux et Dorez. — Annales agronomiques, XXVII, p. 562, 458, 1901, p. 449.

Marcas et Huyge. — Journal Industrie laitière, 1912, p. 6.

Marchand. — Comptes rendus de l'académie des Sciences, t. XLVIII, 1859.

Ch. Marchand. — De la composition anormale que peuvent présenter certains laits de femme, Paris, 1878.

Martin. — Journal Industrie laitière, 1890, p. 20.

Ch. Michel. — Obstétrique, mars 1896.

Michel et Perret. — La ration alimentaire de l'enfant depuis sa naissance jusqu'à l'âge de deux ans, Paris, O. Doin.

Orla Jensen. — Annuaire agron. de la Suisse, 1905. — Bulletin mensuel de l'Office des renseignements agricoles, 1906, p. 312.

Pagès. — Hygiène des animaux domestiques dans la production du lait, Paris, G. Masson, 1896.

J.-M. Perrin et P. Perrin. — Guide pratique pour l'analyse du lait, Paris, Baillière, 1909.

Pétersen. — Revue générale du lait, 1904-1905.

Planchu et Rendu. — Archives de médecine des enfants, t. XIV, 1911, p. 585.

Rémy. — Premier congrès d'Industrie laitière, Paris, p. 13.

Reiset. — Comptes rendus de l'Académie des Sc., 1848, t. XXVII. p. 41.

Revue générale du lait, 1901-1902, p. 87.

E. Rigaux. — Emploi des tourteaux dans l'alimentation du bétail. (Société des agriculteurs de France).

Rolet. — Revue générale du lait.

J. Roux. — Constitution des laits de l'arrondissement de Rochefort, thèse, Bordeaux, 1890.

Sauvaitre. — Etude physicochimique du beurre de femme, thèse, Bordeaux, 1901, p. 61.

Clément Schulte. — Bulletin Office renseignements agricoles, 1903, p. 1253.

Soxhlet. — Wochenblatt d. landw. verein 1, Bayern, 1896, 40.

Steinegger. — Milchzeitung, XXVII.

Stillich. — Journal agric. pratique, t. I, 1898, p. 125.

Torchard et Bonnetat. — Etude sur les variations de composition du lait, Luçon, 1905.

Touchard et Bonnétat. — Journal Industrie laitière, 1905, n° 2.

Van Engelen et Wauters, Journ. Ind. laitière, 1900, p. 161.

Dr G. Variot. — Traité d'hygiène infantile, Paris, O. Doin.

Variot et Lassablière. — Comptes rendus de l'académie des Sciences, 1908.

Vaudin. — Journal Industrie laitière, 1897, p. 374.

Villiers et Collin. — Altération et falsification des substances alimentaires, Paris, Octave Doin.

Waldmann. — Société nationale d'agriculture, 1890, p. 441.

Weiske. — Beitrüge zur Frage Grunund Trockenfütterung Göttinges.

Dr Etienne Weser. — Journ. Ind. laitière, p. 794.

Wing. — Annales agronomiques, 1896, p. 94.

Wroblewski. — Jahresb. der Tierchemie, 1894, p. 211.

TABLE DES MATIÈRES

La Rochelle, Imprimerie Nouvelle Noel Texier.

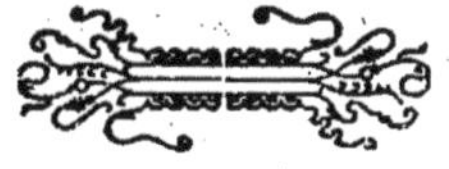